不咸的开胃小菜

朱小芳 主编

黑龙江科学技术出版社
HEILONGJIANG SCIENCE AND TECHNOLOGY PRESS

图书在版编目（CIP）数据

不咸的开胃小菜 / 朱小芳主编 . -- 哈尔滨：黑龙
江科学技术出版社，2018.9
　ISBN 978-7-5388-9845-3

　Ⅰ . ①不… Ⅱ . ①朱… Ⅲ . ①小菜－菜谱 Ⅳ .
① TS972.121

中国版本图书馆 CIP 数据核字 (2018) 第 200430 号

不 咸 的 开 胃 小 菜
BU XIAN DE KAIWEI XIAOCAI

作　　　者	朱小芳
项目总监	薛方闻
责任编辑	回　博
策　　划	深圳市金版文化发展股份有限公司
封面设计	深圳市金版文化发展股份有限公司
出　　版	黑龙江科学技术出版社
	地址：哈尔滨市南岗区公安街 70-2 号　邮编：150007
	电话：（0451）53642106　传真：（0451）53642143
	网址：www.lkcbs.cn
发　　行	全国新华书店
印　　刷	深圳市雅佳图印刷有限公司
开　　本	723 mm × 1020 mm　1/16
印　　张	12
字　　数	180 千字
版　　次	2018 年 9 月第 1 版
印　　次	2018 年 9 月第 1 次印刷
书　　号	ISBN 978-7-5388-9845-3
定　　价	39.80 元

CONTENTS 目录

Part 1 小菜制作准备时

Part 2 不咸的酱菜

Part 5 干酥香脆的干菜

Part 6　凉着吃的拌菜

Part 7 鲜嫩滑爽的炒菜

Part 1
小菜制作准备时

人们常在餐前食用的各式各样的小菜，既美味又开胃，但要制作出来却稍显繁琐。酱菜做得不咸是一门技能，腌菜、泡菜要用时间来沉淀味道，干菜需要特别的制作方法，拌菜要把握住味道的调制，而炒菜则需要高超的烹饪技术。

小菜食材的选择标准

酱菜

"酱"有两种不同的意义，一种是指以新鲜蔬果为主要原料，用盐腌渍后，再用酱料酱制的制作方法，如酱黄瓜。酱菜最好是选用质感独特、颜色鲜明的蔬菜。

另一种是指将食材放入由酱油、盐、糖、花椒等调料制作的酱料中，用大火烧沸，再用小火煮熟的一种烹饪方法，如酱牛肉。主要的原料是禽畜肉类。

腌菜

虽然说大部分的蔬菜都能制作腌菜，但一般来说，以质地鲜嫩、组织密实坚硬、含水量少的蔬菜最佳，腌制出来的口感也会更加爽脆，如大蒜、大头菜、胡萝卜等。

因为腌菜多会腌至发酵才能产生自然的酸甜味，所以选择甜分较高的蔬菜会使腌制事半功倍，如胡萝卜、大头菜、包菜、大白菜等。

泡菜

在选择泡菜的原料时，最好选择应季的蔬菜，应季蔬菜正处于生长旺盛时期，质地鲜嫩，口感较脆。同时还要注意质量，选择无腐烂、无虫伤、无损伤的蔬菜。

质地轻薄的蔬菜，经不起浸渍，容易碎烂。所以，最好选择又厚又脆的蔬菜，这样腌制出来的泡菜才够鲜嫩脆爽，风味更浓。

干菜

要想让食材呈现出"干"的特质，一般采用煎、烤、炸的烹饪方式。这就要求食材含水量少，这样才能达到酥脆的口感。

含有淀粉和蛋白质较多的食材比较适合制作干菜。尤其是含有蛋白质的禽畜肉和鱼类，在经过煎、烤、炸后，会散发出浓浓的肉香味。用蔬菜原料制作干菜时，最好选用质地坚硬、含水量少的，如土豆、南瓜等。

拌菜

制作凉拌菜的主要原料是蔬果。直接凉拌的不需要烹饪的蔬菜其共同特点是气味清新、口感爽脆，白萝卜、西红柿、黄瓜、莲藕等食材在凉拌的时候只需要加一些调味品拌匀后即可直接食用。

有些蔬菜必须要经过焯水的过程，才能制作凉拌菜。比如西蓝花、菠菜、莴苣、竹笋等，这些食材经过焯水不仅口感更好，也更容易被人体消化掉。

炒菜

炒菜是我们生活中最常吃的，但它并不是一种特定的菜，而是以油为主要导热体，将食材用中旺火在较短时间内加热成熟、调味成菜的一种烹饪方法。

炒菜的食材选择是多种多样的。炒菜既可以单独炒一种食材，也可以多种食材混在一起炒，达到颜色、味道、口感的协调。

挑选小菜食材的要领

干鱼贝・海藻类

 鱼干： 肉质饱满有光泽，口感柔软，以没有腥味和异味的鱼干最好。

 虾干： 肉质剔透、有光泽，且以带有甜味的虾干为佳。没有散发出异味且带着头部的虾干最为新鲜。干瘪或有异味的虾干不能挑选。

 **鱿鱼干：** 色泽剔透且肉质柔软的为最好。白色粉末较多的鱿鱼干是放了很长时间的，由于大部分水分都已经蒸发，因此会比较咸且硬。

 **鱿鱼丝：** 挑选前试吃一下，挑选肉质不会过于坚硬而且没有鱿鱼特有腥味的鱿鱼丝。肉质柔软、带有少许甜味的鱿鱼丝更好吃。

 **淡菜：** 贻贝的干制品，以大小均匀、肉质散发出赤色光泽的最为美味，肉质肥美带有光泽且没有散发出腥味的贻贝肉干最新鲜。

 **紫菜：** 最好挑选饱满、充满光泽且不易撕开的紫菜。好的紫菜会散发出新鲜的大海的咸味。咀嚼时在口中不易散，放入水中不会轻易散开，这样的紫菜是佳品。

 **海带：** 表面没有太多的白色粉末，而且散发出海带的独特腥味，味道带有些许甜味的海带最好。挑选不会太厚且彻底干透的海带来做小菜，最为适合。

裙带菜：最好挑选整体呈深绿色，没有变黄的裙带菜。好的裙带菜不会很咸，而且泡在水里时，能够散开呈花状。

蔬菜·蘑菇类

莲藕：最好挑选大小均匀，两端都有保留藕节，而且表面没有损伤的莲藕。皮不太厚，洗过后表皮上有蓝紫色斑点的莲藕最好。

牛蒡：宜挑选表面沾有湿润的泥土，整体厚实且较重，没有损伤的牛蒡。牛蒡切开时有白色浆液流出的较好。

萝卜干：挑选萝卜干时，最好是挑选颜色自然、色泽均匀且连着表皮的萝卜干，用手摸上去要完全干透、不带水分。要避开太小、色泽泛白且有霉点的萝卜干。

茄子干：色泽均一、完全干透的茄子干是最好的。如果表皮上有霉点或斑点的话，就是没有晒干的茄子干，最好不要选。

蘑菇：大小均匀、蘑菇菌盖没有散开、富有弹性且没有碎裂的蘑菇是最好的。香菇则最好挑选肉质紧实、富有光泽且没有斑点的。平菇则最好要色泽较深的，而口蘑则要表面洁白、菇朵厚实的。

干香菇：色泽鲜明且完全干透、大小均匀、蘑菇菌盖没有绽开且肉质厚实的干香菇为上品。挑选干香菇时，最好挑选菇柄还在的。

制作小菜的常用调料

食用油

橄榄油

橄榄油的颜色黄中透绿，闻着有股诱人的清香味，入锅后能挥发一种蔬果的香味，且不会破坏蔬菜本身的颜色，清淡不油腻。

橄榄油是做酱料最好的油脂，它可以起到保护新鲜酱料色泽的作用。而且，用橄榄油调制酱料，能调出食物本身的味道，保留原汁原味，尤其适合饮食清淡的人。

芝麻油

芝麻油又叫作香油，是由芝麻制成的。芝麻中的特有成分经高温炒料处理后，生成具有特殊香味的物质，使其具有独特而浓郁的香味。

芝麻油常用于烹饪并加在酱料里，能为菜肴增加香味，在中式酱料里很受欢迎。此外，芝麻酱、芝麻花生酱等是凉拌菜的常用调料。

咸味调料

细盐

细盐就是我们平时吃的食盐。盐是菜品中咸味的主要来源，用盐调味能起到提鲜味、增本味的作用，还可以防腐杀菌，调节原料的质感，增加原料的脆嫩度。

在制作咸酱、辣酱时，都会使用盐。细盐还适合制作各类腌菜汁和泡菜汁。

粗盐

粗盐是未经加工的大粒盐，为海水或盐井、盐池、盐泉中的盐水经煎晒而成的结晶，即天然盐。制作腌菜时，将水分含量高的蔬菜，如黄瓜、白萝卜等先用粗盐腌渍片刻，再洗净沥干，这样制成的腌菜口感更清脆，保存时间也更长。

粗盐在空气中较易潮解，因此存放时应注意密封防潮。不同种类的粗盐咸味不同，使用时需要根据实际情况调整用量。

酱油

酱油是用豆、麦、麸皮酿造的液体调味品，色泽红褐、滋味鲜美。酱油一般分为老抽和生抽，生抽较咸，用于提鲜；老抽较淡，用于提色。

酱油是酱料中非常重要的调料，尤其在中式酱料中加入一定量的酱油，不仅可以增加酱料的香味，还能使其色泽更加好看。酱油还具有一定的咸味，如果在制作酱料或给菜品调味时，已经添加了酱油，这时就要减少盐的用量，以免味道过咸。

蚝油

蚝油并不是油脂，而是在加工蚝豉时，煮蚝豉的汤经过滤浓缩而成的一种调味品。蚝油营养丰富、味道鲜美、蚝香浓郁、黏稠适度，是制作酱料常用的调料之一。

蚝油也是腌制食材的好调味料。使用适当的蚝油腌制肉类，可去其肉腥味，补充肉类原味不足，添加菜肴的浓香，令味道更鲜美。

甜味调料

蔗糖

砂糖是甘蔗汁经过太阳暴晒后制成的固体原始蔗糖，分为白砂糖和赤砂糖两种。白砂糖是精炼过的食糖，赤砂糖则未经过精炼，因而含有较多的营养素，特别是微量元素，具有一定的保健功能。砂糖可以用于制作需要加热的酱料和腌菜汁。

此外，绵白糖也是蔗糖的一种，其在生产过程中加入了 2.5% 左右的转化糖浆，所以质地绵软、细腻，结晶颗粒细小，适合制作无须加热、直接搅拌的腌菜汁。

炼乳

炼乳是以新鲜牛奶为原料，经过均质、杀菌、浓缩等一系列工序制成的乳制品，具有和牛奶一样丰富的营养价值，但比牛奶的贮存时间久。炼乳具有浓郁的奶香味和甜味，是西式酱料中常见的添加物，可以起到提味、增香的作用。

蜂蜜

蜂蜜是蜜蜂用花中采得的花蜜在蜂巢中酿制的蜜。蜂蜜除了有甜味，还具有柔和顺滑的口感，可以单独使用，也可以与砂糖混合使用。等量的蜂蜜比白砂糖要甜，使用时可根据所需的甜味增减用量。

洋槐蜜等浅色蜂蜜一般没有特殊的味道，适合制作腌菜。有些香味浓烈的蜂蜜，如荔枝蜜、龙眼蜜，用时需要考虑与食材是否搭配。另外，蜂蜜也可以和枫糖浆置换使用。

酸味调料

食醋

醋是一种以含淀粉类的粮食为主料，谷糠、稻皮等为辅料，经过发酵酿造而成的液态调味品。醋的品种多样，优质醋酸微甜，带有香味，用途广泛。

米醋、陈醋、香醋等醋味浓烈，在中式烹调和中式酱料中使用得较多，能去腥解腻，增加菜肴的鲜味和香味，减少维生素 C 在食物加热过程中的流失。而果醋酸度适口，常用于西式酱料中，如沙拉酱。

柠檬汁

柠檬汁是新鲜柠檬经榨挤后得到的汁液，酸味极浓，伴有淡淡的苦涩和清香味道。柠檬汁在日常生活中常用作饮品，但它同时也是调味品，常用于西式菜肴和面点的制作中。西式酱料中常常需要用到柠檬汁为其增加酸味。

辛辣味调料

辣椒

辣椒是辣味的主要来源，用以给菜肴增加辣味，还用于制作辣酱。中式酱料常用的辣椒有灯笼椒、干辣椒、剁辣椒。

灯笼椒是新鲜辣椒，辣味比较清爽，常剁碎或打成泥，用于酱料中。干辣椒、剁辣椒等加工过的辣椒则味道较为浓郁；干辣椒可用于需要烹煮的酱料中，剁辣椒可直接加于酱料中食用。

红油

红油主要是用辣椒或辣椒粉加植物油和花椒、八角等香辛料后，慢火精熬而成的一种调味品。红油是中式酱料中常用到的食材，香辣可口，非常提味。

红油的好坏直接影响酱料的色、香、味，好的红油不仅能给酱料增色，而且味道浓郁，能增进食欲；不好的红油则会让酱料的颜色变得暗淡或无光泽，伴有苦味或无味。

花椒

花椒又叫大椒、蜀椒、川椒或山椒，是中国特有的香料，也是家庭常用的辛辣味调味品。花椒味麻且辣，炒熟后香味才溢出。在烹调食材前，先用热油炒出花椒的味道，再加入食材，可以使花椒的辛辣味道融入菜肴中，起到调味的作用。

花椒可以粗磨成粉，和盐拌匀，制作成椒盐，供蘸食；还可以制作成五香粉、十三香等复合调料。

胡椒

胡椒分为黑胡椒、白胡椒、红胡椒、绿胡椒等不同种类，含有胡椒碱、挥发油、粗脂肪、粗蛋白等物质，具有温中散寒、防腐抑菌的作用，可以平衡蔬菜的寒凉性，防止腐坏。

我们常用的黑胡椒和白胡椒味道比较辛辣，红胡椒的味道柔和，绿胡椒具有清新的香气。

桂皮

桂皮又称肉桂、官桂或香桂，是最早被人类使用的香料之一。桂皮还是一种常用中药，又可以作为烹饪时的调料。

中餐里常用桂皮调味。桂皮分桶桂、厚肉桂、薄肉桂三种。桶桂为嫩桂树的皮，甜香、味正，质量最好，可切碎做炒菜调味品；厚肉桂皮粗糙，味厚，炖肉用最佳；薄肉桂用作炖肉也可。肉桂粉可用于面包、蛋糕及其他烘焙产品中，增加芳香气。

大蒜和生姜

大蒜用盐或醋腌渍或者加热之后，其辛辣味会减弱，并具有一定的甜味，因此非常适宜制作腌菜，既能提升其他原料的香味，又有很好的杀菌作用。

生姜可以去腥，在烹调菜肴时能去除鱼肉和畜肉的异味。在制作腌菜时使用，不宜切得太薄。

芥末

芥末又叫芥子末、西洋山芋菜等，是由芥菜成熟的种子碾磨成的一种粉状调料。芥末微苦，辛辣芳香，对口舌有强烈刺激，味道十分独特。

如果将芥末加水润湿，会有香气喷出，具有催泪性的强烈刺激性辣味，对味觉、嗅觉均有刺激作用。芥末常用作制作泡菜、腌渍生肉或拌沙拉时的调味品，也可与生抽一起使用，充当生鱼片的美味调料。

小菜食材的预处理工作

食材清洗

　　我们吃的蔬菜大多源自土壤，带有许多的细菌，还残留有农药、微生物等，如果不清理干净，用来制作菜肴时，容易导致安全问题。因此，一定要重视原料的清洗。

浸泡清洗法

1. 将豆干放入装有清水的大碗中。

2. 浸泡约 10 分钟。

3. 用手轻轻将豆干表面搓洗一下，捞出即可。

流水冲洗

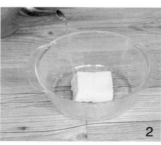

1. 将豆腐放入大碗中。

2. 用水壶缓慢地往豆腐上淋水。

3. 淋水约 5 分钟即可。

食盐清洗法

1.洗菜盆中装入适量水，将小白菜放入盆中浸泡片刻。

2.往水中加入一勺食盐，用手轻轻搅动水，浸泡5分钟。

3.将小白菜从洗菜盆中拿出，用流水冲洗一下即可。

淘米水清洗法

1.准备一碗淘米水。

2.将毛豆倒入淘米水中。

3.用水轻轻搓洗毛豆。

刀工处理

　　对清洗好的食材进行刀工处理，可以在制作菜肴时，让食材更加入味，还能缩短烹饪的时间。刀工处理依据食材的特点和烹饪方式而有所不同，基本的刀工处理方法包括切块、切条、切片、切丝、切丁等。下面以辣椒为例，一一进行讲解。

切菱形片

1. 将去蒂后的辣椒放在砧板上，切去尾部。

2. 将辣椒剖成两半。

3. 取辣椒片改刀。

4. 将几个辣椒片的一端斜着对齐。

5. 用刀将辣椒斜切成菱形片。

6. 用此刀法将辣椒都切成菱形片即可。

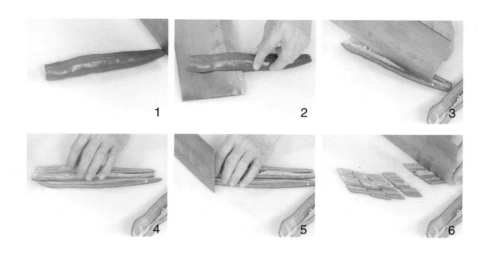

1　　　　　　2　　　　　　3

4　　　　　　5　　　　　　6

切条

1. 将洗净的辣椒切去蒂与尾部。

2. 用刀在辣椒的最右边切一刀，但不切断。

3. 滚动辣椒，将辣椒肉和籽切分开来。

4. 用刀将辣椒内部的棱刮去。

5. 将辣椒平铺，光滑面朝上，切成宽条。

6. 用此法将辣椒全部切成宽条形即可。

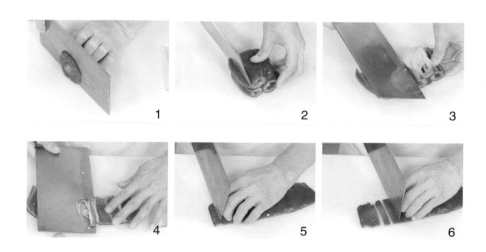

切圈

1. 将洗好的辣椒放在砧板上，切去辣椒蒂。

2. 直接顶刀切圈状。

3. 将辣椒全部切成圈状即可。

1

2

3

切丝

1. 将洗净去蒂的辣椒用刀直切成几截。

2. 将切好的辣椒段剖开，去籽。

3. 将辣椒段平铺，光滑面朝上放好，切成丝。

1

2

3

切丁

1. 辣椒纵向对半切，一分为二。

2. 将切开的辣椒去除籽。

3. 再对半切，将辣椒二分为四，切去头尾部分。

4. 将辣椒片切成粗条。

5. 将切好的辣椒条摆放整齐，一端对齐。

6. 改刀将辣椒条切成丁状。

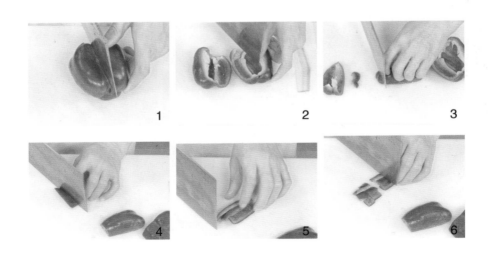

腌渍

制作腌菜时，对食材进行腌渍，不仅可以去除多余的水分，使食材的保存时间变长，还可以使制作出来的菜品口感更好。一般对蔬菜的腌渍较为简单，用食盐或白糖腌渍即可；而对于肉类，除了盐之外，还会加入其他调料腌渍。

蔬菜腌渍

1.将白萝卜切成滚刀块，放入大碗中。

2.碗中加入适量盐。

3.搅拌至盐融化，有水分析出即可。

肉类腌渍

1.将猪肉切成肉丝，放入大碗中。

2.加入适量姜片、蒜片、盐、料酒、生抽、淀粉。

3.拌匀，腌渍10分钟即可。

让小菜更美味的要诀

除去食材的水分

如果食材水分很多的话，在做腌菜时，就会使味道变淡、口感变软，因此，豆腐等水分很多的食材，要先用盐或者糖腌制一下，除去部分水分后再制作料理。叶菜和茎菜，比起直接料理，在沸水中先焯一下，除去水分后再放入调料的话，不仅可以使口感更好，还可以提高菜品的存储性。

除掉鱼干的咸味

买回来的鱼干如果太咸或太干的话，用来制作料理也不会好吃。此时可以将鱼干在冷水里泡一会儿或者对着水龙头冲洗一段时间，这样除去咸味后，晾干再用来做料理即可。注意，如果不晾干的话，很容易会散发出腥味。

干鱼贝类先炒再烹调

干虾或者鱼干等先在烧热的锅里加入油后稍微翻炒一下，会使食材的香味散发出来。再拿来腌制或者用作凉拌的话，菜肴就会变得更香。

肉类先焯水再烹调

牛肉、猪肉、鸡肉等禽畜肉要先在水里焯煮，这样不仅可以除去油脂和异味，而且肉本身的味道也会变得更清淡。再用来制作料理，不仅缩短了料理时间，还可以防止食材在变冷后变硬、变腥。

Part 2
不咸的酱菜

说起酱菜，高盐是其显著特点，但如果有不咸的酱菜，其味道会好吗？无论是酱制还是酱烧，盐的作用渐渐被其他调料所取代，这些酱菜散发出的是浓郁的酱香味或是麦芽糖的香味。

酱炖黑豆

 原料

黑豆200克，白芝麻10克

调料

生抽20毫升，白糖15克，芝麻油5
毫升

做法

1.将黑豆洗净，用800毫升水浸泡3小时。

2.将黑豆和浸豆的水一起倒入锅中，加入10
毫升生抽和8克白糖，文火慢炖。

3.待黑豆煮软后，加入剩下的生抽和白糖，
用中火慢炖。

4.待黑豆基本煮透时，加入芝麻油、白芝
麻，旺火煮至汤汁呈黏稠状即可。

制作指导

黑豆提前泡发，和冰糖一起烹
饪更香。

酱黄豆

扫一扫二维码 视频同步做美食

原料

水发黄豆300克，八角少许

调料

盐2克，生抽30毫升，老抽5毫升，白糖3克

做法

1.锅中注入适量清水，大火烧热。

2.倒入泡发好的黄豆、八角。

3.加入适量生抽、老抽、盐、白糖，搅拌均匀。

4.盖上锅盖，用大火煮开转小火焖20分钟。

5.掀开锅盖，大火收汁，将煮好的黄豆盛出装入碗中即可。

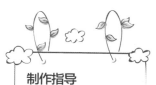

制作指导

黄豆一定要充分泡发再进行烹煮，这样口感会更好。

酱烧芸豆

🧂 原料
水发芸豆100克，花椒8克，八角、葱段、姜片各少许

🧂 调料
白糖4克，盐2克

🧤 做法
1.砂锅中注入适量清水，用大火烧热。

2.倒入备好的芸豆、八角、花椒、姜片、葱段。

3.盖上锅盖，烧开后转小火煮20分钟至食材熟透。

4.揭开锅盖，加入少许白糖、盐，拌匀。

5.搅拌至食材入味，将煮好的芸豆盛出，装入碗中，拣去姜片、葱段即可。

制作指导

芸豆煮好后可以盖着锅盖焖一下，这样口感会更软糯。

酸梅酱烧老豆腐

🧀 原料

老豆腐250克，瘦肉50克，去皮胡萝卜60克，姜片、蒜末各少许

🧂 调料

盐、鸡粉各3克，白糖2克，酸梅酱15克，生抽、老抽、料酒、水淀粉、食用油各适量

🧤 做法

1.洗净的胡萝卜切块，洗好的老豆腐切块，洗净的瘦肉切块。

2.豆腐装碗，加入水、盐，浸泡10分钟；瘦肉装碗，加盐、料酒、水淀粉，腌15分钟。

3.锅中加水烧开，倒入胡萝卜，焯片刻，捞出，沥干水分，装盘备用。

4.用油起锅，爆香姜片、蒜末，放入瘦肉、生抽，炒至转色，倒入胡萝卜、豆腐，炒匀。

5.加入生抽、料酒、盐、鸡粉、白糖、老抽、酸梅酱，翻炒约2分钟至熟，盛出即可。

制作指导

切好的豆腐放入盐水中浸泡，可以有效去除豆腐的豆腥味。

酱土豆

 原料

土豆2个

制作指导

在煮土豆的时候，不要用勺子将土豆翻来翻去，以免土豆块碎了。

 调料

酱油、麦芽糖各3大勺，料酒1大勺，白糖半勺

做法

1.将土豆切成边长都为3厘米的块状，放入冷水中浸泡。

2.锅中注水，将土豆放入锅中，放入酱油、麦芽糖、料酒、白糖。

3.小火熬煮至土豆成熟即可。

干香菇板栗酱菜

原料

干香菇10个，板栗5颗

制作指导

在有新鲜香菇的时候，也可以用鲜香菇代替干香菇。

调料

酱油、麦芽糖各3大勺，料酒1大勺，白糖半勺

做法

1.将干香菇放入碗中，加入热水，浸泡至变软。

2.将板栗切厚片，泡入冷水中。

3.将香菇的菇柄切去，对半切开。

4.锅中注水，将香菇和板栗放入锅中，放入酱油、麦芽糖、料酒、白糖。

5.小火熬煮至食材成熟即可。

酱牛蒡

原料
牛蒡1段，芝麻1大勺

调料
食醋少许，食用油适量，酱油3大勺，料酒2大勺，白糖
1大勺，麦芽糖4大勺，胡椒粉少许

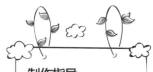

制作指导

牛蒡切好后，泡在醋水中，不仅可以防止牛蒡出现褐变，还能把牛蒡的刺激性味道去除。

做法
1.除去牛蒡的表皮，斜切成片状然后泡入醋水中。

2.在沸水中倒入食醋，放入牛蒡，焯煮片刻，捞出过凉后沥干水分。

3.热锅烧油，放入牛蒡，翻炒片刻，加入酱油、料酒、白糖、胡椒粉、水，大火煮开。

4.等到酱汁煮至浓稠时，放入麦芽糖稍微煮一会儿。

5.关火后撒上芝麻即可。

酱莲藕

原料
莲藕300克，芝麻半勺

调料
食醋少许，酱油4大勺，料酒1大勺，白糖半勺，麦芽糖
5大勺，食用油、胡椒粉各适量

制作指导

莲藕切得太厚会变得很硬，也不会有那种爽脆的口感。只有将莲藕切成薄片，才能做出口感爽脆且美味的酱莲藕。

做法
1.莲藕去皮，切成2毫米厚的片状。

2.在沸水中倒入食醋，放入莲藕，焯煮片刻，捞出过凉后沥干水分。

3.热锅烧油，放入莲藕，翻炒片刻，加入酱油、料酒、白糖、胡椒粉、水，大火煮开。

4.转至中火慢煮，等到汁水煮到只剩1/3时，倒入麦芽糖，然后调至小火继续煮。

5.等酱汁全都煮透了的时候，关火后撒上芝麻即可。

酱黄瓜

扫一扫二维码 视频同步做美食

原料

黄瓜1条，蒜末10克，红辣椒丝少许，白芝麻适量

调料

盐5克，生抽9毫升，白糖9克，芝麻油6毫升

做法

1.洗净的黄瓜切成条，放盐，搅拌均匀，腌渍5分钟。

2.热锅注水，加入生抽、白糖，煮至沸腾，将煮好的酱汁倒入备好的碗中。

3.将腌渍好的黄瓜用清水清洗，沥干水分，装入碗中，倒入刚煮好的酱汁，搅拌入味。

4.倒出酱汁，放入蒜末、红辣椒丝、白芝麻、芝麻油，搅拌均匀，倒入备好的盘中即可。

| 关键步骤图 |

❶ ❷ ❸ ❹

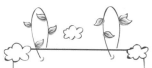

制作指导

黄瓜腌渍以后会脱水变小，所以最好不要切得太小，太小可能就不脆了。

酱爆虾仁

视频同步做美食 扫一扫二维码

 原料

虾仁200克，青椒20克，姜片、葱
段各少许

调料

盐2克，白糖、胡椒粉各少许，
蚝油20克，海鲜酱25克，料酒3毫
升，水淀粉、食用油各适量

做法

1.将洗净的青椒切开，去籽，再切片。

2.虾仁装碗，加入盐，撒上适量胡椒粉，拌
匀，再腌渍约15分钟，待用。

3.用油起锅，撒上姜片，爆香，倒入腌渍好
的虾仁，炒至淡红色。

4.放入青椒片，倒入备好的蚝油、海鲜酱，
炒匀，加入少许白糖、料酒，炒匀。

5.倒入葱段，再用水淀粉勾芡，关火后盛出
即可。

制作指导

腌渍虾仁时淋入适量水淀粉，
能使其口感更鲜嫩。

甜辣酱烤扇贝

扫一扫二维码
视频同步做美食

原料

扇贝4个

调料

甜辣酱15克，盐、白胡椒粉各3克，柠檬汁适量，食用油8毫升

做法

1.将洗净的扇贝肉放入碗中，加适量盐、白胡椒粉，滴少许柠檬汁，腌渍5分钟。

2.把腌好的扇贝肉放回扇贝壳中，备用。

3.将扇贝放在烧烤架上，用中火烤3分钟至起泡。

4.在扇贝上淋入适量食用油，用中火烤2分钟至散发出香味。

5.放入适量甜辣酱，用中火续烤1分钟至熟，装入盘中即可。

制作指导

扇贝肉要烤熟，以免存在寄生虫。

酱拌蛤蜊

原料

蛤蜊肉200克，青辣椒、红辣椒各1个，葱末1大勺，蒜末半勺

制作指导

蛤蜊先在淡盐水中浸泡片刻，味道会更好。

调料

盐适量，辣椒粉1大勺，芝麻油1小勺

做法

1.将适量盐与水混合，制成淡盐水。

2.将蛤蜊肉放到盐水中浸泡片刻，然后沥干水分，装入碗中。

3.辣椒切丝，放入碗中。

4.往碗里放入葱末、蒜末、辣椒粉、芝麻油，搅拌均匀即可。

辣牡蛎酱

原料

牡蛎肉400克，香葱末适量，蒜末半勺，芝麻1勺

制作指导

将牡蛎腌渍一个星期后再制作料理，牡蛎的味道会变得更浓郁。

调料

辣椒粉2大勺，粗盐适量，盐1勺，芝麻油1小勺

做法

1.将适量盐与水混合，制成淡盐水。

2.将牡蛎肉放到盐水中涮洗一下，然后沥干水分，装入碗中。

3.加入适量辣椒粉、粗盐，用筷子拌匀，腌渍一个星期。

4.将腌渍好的牡蛎肉用香葱末、蒜末、芝麻、辣椒粉、芝麻油拌好，即可食用。

酱烧鱿鱼

🥘 原料

鱿鱼1只，大葱、生姜适量，大蒜5颗，干辣椒2个

🧂 调料

酱油3大勺，白糖2大勺，麦芽糖半勺，胡椒粉少许

🧤 做法

1.鱿鱼清洗干净，将鱿鱼的身体部分切成宽度为1厘米的圈状，鱿鱼腿切成二等分。

2.大葱切成2厘米厚的段状，大蒜去皮，生姜切片，干辣椒切成1厘米的段状。

3.锅中加入酱油、白糖、麦芽糖、胡椒粉、水，大火煮开。

4.等酱汁煮开变浓稠后，加入大葱、大蒜、生姜、干辣椒和鱿鱼，用大火迅速煮开即可。

|关键步骤图|

制作指导

麦芽糖不宜放太多，以免鱿鱼的肉质变硬。

酱烧贻贝干

原料

贻贝干100克,辣椒干1个,大葱1段,大蒜2颗,生姜适量

调料

酱油3大勺,清酒1大勺,白糖2大勺,胡椒粒半小勺,芝麻油适量

做法

1.将贻贝干放入冷水中泡软。

2.辣椒干切成1厘米的段状,大蒜、生姜切片,大葱横切后再切成和大蒜一样大小的尺寸。

3.锅中倒入贻贝干,加入辣椒干、大蒜、生姜大葱。

4.再放入酱油、清酒、白糖、胡椒粒、芝麻油、水,大火煮开。

5.等酱汁煮开变浓稠后,关火即可。

|关键步骤图|

制作指导

贻贝干一定要由外至内充分泡软后再烹调,这样煮完以后才不会变硬。

酱爆鸡块

扫一扫二维码
视频同步做美食

🧤 原料

仔鸡450克，胡萝卜半个，大葱
段15克，蒜末10克

🧂 调料

生抽10毫升，盐3克，白糖3克，
食用油适量，姜汁适量

🧤 做法

1.处理干净的仔鸡斩块。

2.洗净去皮的胡萝卜切滚刀块。

3.热锅注油烧热，放入胡萝卜块，稍稍翻炒后
盛入碗中；将鸡块高温煎成金黄色，放入大葱
段炒香，再放入胡萝卜块翻炒。

4.倒入生抽拌炒至上色，注入清水煮沸，倒入
姜汁拌炒均匀，大火焖煮10分钟，待水快煮干
时，加入盐、白糖、蒜末调味，拌炒片刻，收
汁，出锅即可。

| 关键步骤图 |

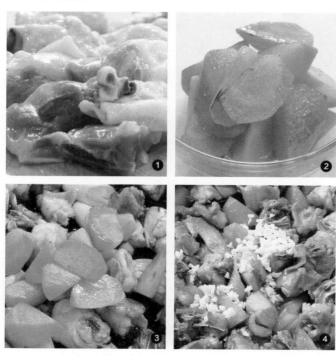

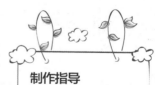

制作指导

若是喜欢辣味，可在
出锅前加入韩式辣酱
拌炒入味。

豆豉酱蒸鸡腿

🧂 **原料**

鸡腿500克，洋葱25克，姜末10克，蒜末10克，葱段5克

🧴 **调料**

料酒5毫升，生抽5毫升，老抽5毫升，白胡椒粉2克，豆豉酱20克，蚝油3克，盐2克

🧤 **做法**

1.处理好的洋葱切成丝待用；处理干净的鸡腿切开。

2.取一个碗，倒入鸡腿、洋葱丝、蒜末、姜末、葱段，加入豆豉酱、盐、蚝油、料酒、生抽、老抽、白胡椒粉，搅拌均匀，用保鲜膜将碗包好，放入冰箱腌2小时。

3.取一个蒸盘，将腌渍好的鸡腿放入。

4.蒸锅上火烧开，放入蒸盘，小火蒸20分钟至食材熟透，将蒸熟的鸡腿装入盘中即可。

制作指导

加好调料后可以用手多捏捏鸡肉，这样更易入味。

蜜汁叉烧酱鸡腿

 原料

鸡腿350克，洋葱粒40克，姜末、蒜末各15克

调料

生抽4毫升，白糖、盐各3克，食用油适量，叉烧酱10克

制作指导

腌渍鸡腿时可用竹签稍微戳几个小洞，以便更加入味。

做法

1.沸水锅中倒入鸡腿，汆去血水，捞出沥干，装碗，放入洋葱粒、姜末和蒜末，拌匀。

2.放入叉烧酱，加入白糖，倒入生抽，加入食用油，倒入盐，拌匀，腌渍4小时至入味。

3.取出电饭锅，打开盖子，通电后倒入腌好的鸡腿，加入少许清水至淹没鸡腿1/2处。

4.盖上盖子，调至"蒸煮"状态，煮30分钟至鸡腿熟软入味。

5.打开盖子，断电后将煮好的鸡腿装盘即可。

酱骨架

🧂 原料

猪脊骨700克，八角6克，草果3克，桂皮2克，花椒3克，香叶3克，葱段8克，姜片5克，干辣椒3克

🧂 调料

冰糖15克，料酒6毫升，盐3克，生抽8毫升，老抽3毫升，鸡粉2克，食用油适量

制作指导

猪骨氽水时可加少许醋，口感更好。

🧤 做法

1.锅中注入适量清水烧开，倒入猪脊骨，氽片刻去除血水，将猪脊骨捞出，沥干水分。

2.热锅注入少许清水，倒入食用油、冰糖，搅拌，熬至焦糖色。

3.加入清水、猪脊骨、干辣椒、姜片、葱段、八角、草果、桂皮、花椒、香叶，拌匀。

4.放入料酒、盐、老抽、生抽，拌匀，焖30分钟。

5.加入鸡粉，搅拌调味，将猪脊骨捞出装入盘中，浇上汤汁即可。

东北家常酱骨头

扫一扫二维码
视频同步做美食

🧂 原料

猪骨头800克，桂皮、姜片、八角、丁香、花椒、香叶、陈皮、葱段各适量

🧂 调料

生抽10毫升，老抽5毫升，白糖10克，干黄酱适量

🧤 做法

1.锅中注入清水烧开，倒入猪骨头，汆去血水及杂质，捞出，沥干水分。

2.另起锅注水烧开，倒入猪骨头，放入桂皮、姜片、八角、丁香、花椒、香叶、陈皮、葱段，再倒入干黄酱、生抽、老抽、白糖，搅拌调味。

3.盖上锅盖，大火煮开后转小火煮30分钟。

4.掀开锅盖，将煮好的猪骨头盛出装入盘中即可。

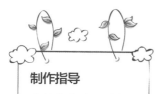

制作指导

猪骨汆水时可以加入少许料酒，口感会更好。

辣椒酱烧猪尾

🧂 原料
猪尾100克，青、红尖椒各10克，姜片、蒜末、葱白各少许

🧂 调料
白糖8克、辣椒酱5克、蚝油、老抽、味精、盐、料酒、水淀粉、食用油各适量

🧤 做法
1.将洗净的猪尾斩块，洗净的青椒、红椒切成片。

2.锅中倒入适量清水，加入料酒烧开，再倒入猪尾，氽至断生后捞出。

3.起油锅，放入姜片、蒜末、葱白煸香，再放入猪尾，加料酒炒匀，再倒入蚝油、老抽拌炒匀，加入少许清水，加盖用小火焖煮15分钟。

4.揭盖，加入辣椒酱拌匀，焖煮片刻，加入味精、盐、白糖炒匀调味。

5.倒入青、红椒片拌炒匀，用水淀粉勾芡，淋入食用油，拌炒均匀。

6.出锅盛入盘中即成。

制作指导
猪尾的胶质较重，所以在焖猪尾时要一次性加足水。

酱牛肉

原料

牛肉500克，蒜8瓣，葱2大段，姜1小块，干辣椒6个，青尖椒4根，红尖椒4根，洋葱半个

调料

白胡椒粒6粒，生抽60毫升，老抽15毫升，白糖20克

制作指导

牛肉汆水宜冷水下锅，最好将其切成小块。

做法

1.将牛肉放入清水中浸泡1个小时，泡出血水；洋葱切滚刀块，备用。

2.将泡好的牛肉放入凉水锅中，水开后，将汤中的血沫捞出。

3.汤锅中倒入清水，放入葱段、洋葱块、干辣椒、蒜、姜、生抽、老抽、白糖、白胡椒粒、一半量的青尖椒和红尖椒。

4.大火煮开后，转小火煮40分钟，再放入剩余的青红尖椒，煮至汤汁只剩原来的1/3。

5.牛肉酱好后，连同汤汁一起放凉，吃的时候切成丝，浇一点汤汁即可。

Part 3
用时间发酵的泡菜

泡菜大概是最受欢迎的小菜了。经历时间的
发酵而慢慢展现出魅力的泡菜，让人无法拒
绝它的味道。酸甜、咸辣还是微微苦涩，用
不同的泡菜料泡出来，味道也各有特点。

甜酸莲藕泡菜

原料

莲藕300克，生姜30克，八角
适量

调料

白糖10克，白醋50毫升

做法

1.将去皮洗净的莲藕切片，装入碗中浸水备用。
把洗净的生姜切成片，装入小碟中备用。

2.倒掉浸泡藕片的水，往碗中倒入开水，略烫片
刻后倒掉，把藕片沥干水分。

3.取一个碗，放入藕片、姜片，再加入八角、白
糖，淋入白醋，用筷子拌匀。

4.将拌好的藕片和泡汁倒入玻璃罐中，再加入适
量矿泉水。

5.盖上瓶盖，置于干燥阴凉处密封7天。

6.将腌好的泡菜取出即可。

关键步骤图

制作指导

切好的莲藕可以先放
入水中浸泡，以防止
其氧化发黑。

辣味竹笋泡菜

原料

竹笋100克，干辣椒少许

调料

盐20克，白糖、红糖各8克

做法

1.洗净的竹笋切成片。

2.锅中倒水烧开，放入竹笋片，煮约2分钟后捞出，装入碗中。

3.取另一个碗，放入干辣椒、盐、白糖、红糖，搅拌均匀，调成泡汁。

4.把竹笋放入玻璃罐中，倒入泡汁。

5.盖上瓶盖，置于阴凉干燥处泡4天。

6.将腌好的泡菜取出即可食用。

关键步骤图

制作指导

竹笋要切成厚薄适中的片，太厚不易入味，太薄口感不够爽脆。

山椒泡萝卜

🧂 原料

白萝卜100克，泡椒20克

🧂 调料

盐10克，白糖5克，白酒5毫升

🧤 做法

1.把去皮洗净的白萝卜切成段，再切成厚片，改成条形。

2.将切好的白萝卜盛入碗中，加入盐、白糖，淋入少许白酒，搅拌至白糖溶化。

3.倒入泡椒，拌匀，注入适量矿泉水，搅拌匀。

4.取一个干净的玻璃罐，盛入拌好的白萝卜，倒入碗中的汁液。

5.盖上瓶盖，置于阴凉干燥处，浸泡7天。

6.取出腌好的泡菜，摆好盘即可。

制作指导

泡椒先用清水泡一会儿，再连同汁水一起放入玻璃罐中，泡制的效果会更好。

辣萝卜块

 原料

白萝卜1个，蒜瓣2粒，生姜1块，大葱1根，糯米粉适量

调料

粗盐70克，辣椒粉100克，白糖5克，咸虾酱5克

做法

1.精选饱满实心的白萝卜，将萝卜切成小块，撒上粗盐腌渍。

2.将大葱切成5厘米长的段；生姜切块。

3.在萝卜块上拌上辣椒粉。

4.将糯米粉和水一起入锅煮成糊后冷却。

5.将葱段、蒜瓣、生姜块、糯米糊加入萝卜中，放入白糖、咸虾酱，拌匀即成。

制作指导

萝卜在调料中要充分搅拌，使每个面都均匀蘸上调料。

胡萝卜泡菜

原料
胡萝卜250克，干辣椒适量

调料
盐25克，白糖5克，白醋50克，料酒少许

做法
1.洗好的胡萝卜切块。

2.将胡萝卜放入碗中，加盐和少许凉开水拌匀，腌渍4~5小时。

3.温开水中加入干辣椒、白醋、盐、白糖、料酒拌匀，调成醋水。

4.将醋水放入玻璃罐中，再放入胡萝卜，置于阴凉处。

5.腌渍2天后取出即可。

| 关键步骤图 |

制作指导

白酒浓度高，发酵快，可以用白酒代替料酒制作泡菜，口感会更好。

香葱泡菜

原料

香葱1把，蒜末、生姜末各适量

调料

辣椒粉25克，洋葱汁3大勺，虾酱2大勺，白糖8克，粗盐30克，鱼露适量，糯米浆水1大杯

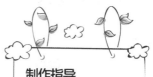

制作指导

糯米浆水需要提前调制好，用2勺糯米粉加一杯半的水混匀即可。

做法

1.用20克粗盐加300毫升的水混合拌匀，将香葱放入盐水中浸泡。

2.等香葱泡到发蔫的时候，用水冲洗两三次，然后沥干水分。

3.将辣椒粉、洋葱汁、虾酱、白糖、10克粗盐、鱼露、糯米浆水放入锅中，用小火慢慢熬煮。

4.将熬制好的糯米浆水和蒜末、生姜末一起拌匀，制成泡菜料。

5.在香葱上均匀抹上调料，分成5~6根一捆，捆好后放入玻璃罐中。

6.在冰箱中放一个星期左右即可食用。

五香洋葱泡菜

原料

洋葱150克，醪糟30克，干辣椒7克，八角、花椒、桂皮各少许

调料

红糖20克，盐10克

制作指导

醪糟口感甘甜，用来制作泡菜能增加其酸甜味道。

做法

1.将去皮洗净的洋葱切成丝，装入碗中备用。

2.取另一个碗，加入盐、花椒、八角、桂皮、干辣椒，拌匀。

3.再加入红糖，倒入醪糟和适量矿泉水，搅拌均匀，调成泡汁。

4.将洋葱和泡汁倒入玻璃罐中，盖上盖，置于干燥阴凉处密封5天；取出即可食用。

韭菜泡菜

原料

韭菜200克，洋葱30克，生姜15克，大蒜10克

调料

辣椒面10克，盐3克，白糖8克，鱼露适量

做法

1.将去皮洗净的大蒜、生姜、洋葱放入搅拌机中，打成泥。

2.将洗好的韭菜装入碗中，倒入适量开水，烫约1分钟至熟。

3.将韭菜取出，挤干水分后装入碗中；加入辣椒面、蒜姜葱泥、鱼露，再加入适量白糖、盐，搅拌约1分钟至白糖完全溶解。

4.将韭菜盘成结，装入另外的容器中，表面撒上碗中剩余的腌泡料。

5.用保鲜膜密封后放入冰箱冷藏2天即可。

关键步骤图

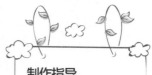

制作指导

用开水烫韭菜的时间不宜太长，否则韭菜烫得过熟会失去其脆嫩的特点。

花菜泡菜

原料

花菜500克，干辣椒少许

调料

盐20克，白糖10克，白酒15毫升，辣椒酱15克

制作指导

如果觉得泡菜的味道太咸，泡好后可以适当加点糖。

做法

1.洗净的花菜切成朵，放入碗中，加入适量温开水，浸泡10分钟。

2.过滤掉碗中的水，放入干辣椒、辣椒酱、盐、白糖、白酒，搅拌均匀。

3.再倒入适量矿泉水，用筷子搅拌均匀。

4.把花菜和泡汁装入玻璃罐中。

5.盖紧瓶盖，置于阴凉干燥处密封4天。

6.将腌好的泡菜取出即可。

卷心菜泡菜

原料

卷心菜1棵，洋葱1个，香葱5根，蒜末5大勺，生姜末2大勺

调料

辣椒粉2杯，鱼露1杯半，盐适量

制作指导

卷心菜泡菜一定要用新鲜的卷心菜来做才会好吃。

做法

1.将卷心菜切成边长都是3厘米的块状，洋葱切成和卷心菜一样大小，香葱切成2厘米的段状。

2.准备一个大碗，放入少许盐和适量纯净水，搅拌均匀。

3.放入卷心菜，腌渍4个小时后捞出，沥干水分。

4.在卷心菜、洋葱和香葱上倒上辣椒粉、鱼露、蒜末和生姜末，然后拌匀。

5.加盐调味，放1个小时左右就可以食用了。

开胃茄子泡菜

🧑 原料

茄子300克，韭菜80克，蒜头30克，葱10克

🧂 调料

盐25克，白糖15克，白醋10毫升，辣椒粉6克

🧤 做法

1.将洗净去皮的茄子切小块，浸水备用。

2.把洗好的韭菜、葱切成小段。

3.将沥干水分的茄子放入碗中，加盐、白糖拌匀；放入蒜头、辣椒粉拌匀，再放入韭菜、葱拌匀。

4.加入白醋，再倒入400毫升矿泉水，充分搅拌均匀。

5.将拌好的材料装入泡菜罐，拧紧盖子，腌渍5天。

6.取碟子和泡菜罐，将腌渍好的泡菜夹入小碟子中即可食用。

制作指导

茄子切开后应放在盐水中浸泡，能使其不变色。

辣白菜

🍳 原料

大白菜2棵，白萝卜1个，新鲜牡蛎150克，咸虾干5克，生姜、大蒜头、青葱、葱末、蒜末、芥菜、印度芥末叶、红辣椒丝各适量

🧂 调料

粗盐400克，红辣椒粉200克

制作指导

提前将白菜用盐水腌渍，可以去除一部分水分。

🧤 做法

1.大白菜去根，纵向切半，浸入盐水中，捞起沥干，撒上盐腌渍；待白菜完全入味并开始变软时，用冷水冲洗，沥干。

2.将1/3的白萝卜切丝；青葱、芥菜、芥末叶切段；牡蛎去壳，盐水洗净。

3.将咸虾干、蒜末、姜放在一起剁碎，和红辣椒粉拌匀，加入白萝卜丝拌至泛红，然后放入大蒜头、青葱、牡蛎、葱末、芥末叶、芥菜、红辣椒丝，拌匀，加盐调味，制成调味料。

4.将调味料涂抹在白菜叶上；剩下的白萝卜切大块，用调味料调味；将涂抹调味料的大白菜和白萝卜装入容器中，密封腌渍即可。

Part 4
低盐无盐的腌菜

腌菜几乎是每家每户都会做的小菜。冬季收获的蔬菜，为了好好保存，加入盐腌制，放在坛子中储藏。为了健康，现在做腌菜可以用很少的盐，或者用其他调料来代替盐，风味也变得新潮了。

蜜渍柠檬

🧺 原料

柠檬3个，薄荷叶少许

🧂 调料

小苏打粉适量，蜂蜜1杯

🧤 做法

1.用小苏打粉搓洗柠檬表皮，再用清水冲洗，沥干水分。

2.将柠檬切成5毫米厚的片，用刀尖挑去柠檬的籽。

3.把柠檬、蜂蜜、薄荷叶逐层放入容器中。

4.盖上盖子，拿起容器上下摇动片刻，放入冰箱冷藏，腌2天即可食用。

┃关键步骤图┃

❶

❷

❸

❹

制作指导

用小苏打粉洗柠檬，不仅能洗得非常干净，还能去除果皮农药残留。

盐渍柠檬

原料

柠檬3个

调料

小苏打粉适量，盐3/4杯，五香粉1/3大勺，胡椒粒1小勺

做法

1. 用小苏打搓洗柠檬表皮，再用清水冲洗，沥干水分。
2. 将柠檬切成5毫米厚的片，用刀尖挑去柠檬的籽。
3. 把柠檬、盐、五香粉、胡椒粒逐层放入容器中。
4. 盖上盖子，放入冰箱冷藏，腌2天即可食用。

▏关键步骤图▕

制作指导

五香粉和胡椒粒能增加柠檬的辛辣香气。可根据自己的需要调整用量。

多汁腌杨桃

原料

杨桃2个，蓝莓干2大匙，蔓越莓干4颗

调料

小苏打水1杯，苹果醋1/2杯，白糖3/4杯，香叶1片，五香粉2小勺

做法

1.把杨桃放入小苏打水中浸泡5分钟，洗净沥干。

2.每个杨桃切成1厘米的片，用刀尖挑去籽。

3.在锅中放入水、苹果醋、白糖、香叶和五香粉，煮至白糖完全溶化。

4.把蓝莓干和蔓越莓干倒入锅中，用小火续煮片刻，稍微冷却。

5.把杨桃放在容器中，倒入腌菜汁。

6.盖上盖子，冷却后放入冰箱，腌2~3小时即可食用。

关键步骤图

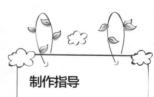

制作指导

用苹果醋能使腌渍出来的杨桃味道更加香甜酸爽。

水嫩腌西红柿

原料

西红柿2个，洋葱1/2个，香叶1片

调料

白醋1/2杯，盐2小勺，蜂蜜1大勺

做法

1.在西红柿表皮划十字刀，放入沸水中略焯，取出放入冷水中，待表皮翘起后将表皮去除。

2.去皮的西红柿切成瓣；洋葱去皮后切成两半，再纵切成1厘米宽的片。

3.在锅中放入水、白醋、盐、香叶，煮至盐完全溶化；稍微冷却后放入蜂蜜，搅匀。

4.把西红柿和洋葱放入容器中，倒入热腌菜汁，盖上盖子，冷却后放入冰箱，腌1天即可食用。

| 关键步骤图 |

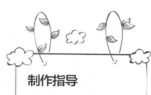

制作指导

西红柿也可以不必先去皮，在食用时再去皮也可。

浓香腌苹果

🧂 原料

苹果2个，葡萄干2大勺，西梅干4颗，桂皮1根

🧂 调料

小苏打水1杯，苹果醋1/2杯，白醋1/2杯，红糖2大勺，五香粉2小勺

🧤 做法

1.苹果放入小苏打水中浸泡10分钟，洗净后沥干。每个苹果切成四等分并去籽。

2.在锅中放入水、苹果醋、白醋、红糖、桂皮和五香粉，煮至红糖完全溶化。

3.把苹果、葡萄干和西梅干倒入锅中，用小火煮10分钟左右。

4.煮好的食材和汁液一起倒入容器中，盖上盖子，冷却后放入冰箱，腌2天即可食用。

| 关键步骤图 |

制作指导

加入了红糖的腌菜汁会有独特的香气。

橘子香醋萝卜

🧂 原料
白萝卜1条，橘子1个

🧴 调料
盐1小勺，苹果醋50毫升，酱油1小勺，柠檬汁30毫升，冰糖50克

🧤 做法
1.将白萝卜洗净，对切成两半，再切成小滚刀片。

2.将白萝卜放入碗中，加入盐拌匀，静置半小时，再用冷开水冲洗净，沥干后放入碗中。

3.将橘子去皮，瓣成瓣，放入碗中，加入苹果醋、酱油、柠檬汁，拌匀，制成腌菜汁。

4.将白萝卜和橘子放入玻璃罐中，加入冰糖，倒入腌菜汁，放入冰箱冷藏3天后即可食用。

| 关键步骤图 |

制作指导
处理橘子时尽量去掉橘瓣上的白色部分，味道会更好。

柠香腌南瓜

🔪 原料
南瓜1/2个，柠檬1/2个

🧂 调料
白糖1杯，米醋1/2杯，五香粉
1小勺

🧤 做法
1.南瓜去皮，切成2厘米见方的块；柠檬切成片，再对半切开。

2.在锅中放入水、白糖、米醋、五香粉，煮至白糖完全溶化，关火后静置10分钟。

3.再次开火，放入南瓜块、柠檬片，中火煮3分钟后关火，静置5分钟左右。

4.把南瓜块和腌菜汁一起倒入容器中，盖上盖子，冷却后放入冰箱，腌3~4天即可食用。

▎关键步骤图 ▎

制作指导

南瓜要煮熟后腌渍才好。

香橙腌冬瓜

原料

冬瓜600克，柳橙汁1000毫升，柳橙皮50克，薄荷叶5片

调料

水果醋100毫升，白糖180克

做法

1.冬瓜洗净后切大片，入滚水汆烫约1分钟，捞起后泡在冰水里。

2.锅中放入调料，小火煮溶白糖，加入柳橙汁拌匀。

3.将冬瓜放入玻璃罐中，放入橙皮，倒入煮好的调味汁，再放入薄荷叶。

4.放入冰箱保存1天即可食用。

制作指导

冬瓜汆熟后泡在冰水中能保持其脆嫩的口感。

酸辣大蒜

原料

大蒜200克，绿色小辣椒1个，香叶2片，柠檬1片，干辣椒1个

调料

苹果醋1杯，白糖2大勺，盐1/2大勺，胡椒粒少许

做法

1.大蒜去皮洗净，沥干水分后去蒂。

2.绿色小辣椒切成5毫米宽的圈；干辣椒擦净水，剪成5毫米宽的圈。

3.在锅中放入苹果醋、白糖、盐、香叶、柠檬片、胡椒粒，煮至白糖完全溶化，稍微冷却。

4.把大蒜和辣椒放入容器中，倒入温热的腌菜汁，冷却后放入冰箱，腌2~3天即可食用。

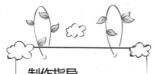

制作指导

大蒜瓣成瓣，去皮后腌渍比腌渍整颗大蒜的味道更好。

醋腌黑豆

原料

黑豆150克，香叶1片，辣椒1个

调料

陈醋150毫升

做法

1.将黑豆用手搓洗干净，晾干备用。

2.用中小火将黑豆在干锅中翻炒约5分钟，至黑豆裂开。

3.取一玻璃罐，盛入炒好的黑豆。

4.将陈醋、香叶、辣椒拌好，倒入玻璃罐中。

5.盖上盖，扣紧，置于阴凉处，浸泡约7天。

6.取出腌好的黑豆，盛放在小碟中即成。

| 关键步骤图 |

制作指导

黑豆炒熟后最好放凉了再盛入罐子中，这样容器内壁上就不会产生水分了。

五香腌毛豆

🧂 原料
毛豆100克，生姜1块

🧴 调料
苹果醋1/2杯，白糖1小勺，盐1小勺

🧤 做法
1.毛豆切去两端，洗净后放入沸水中煮熟，盛出沥干。

2.生姜去皮后切成薄片。

3.在锅中放入水、苹果醋、白糖、盐，煮至白糖完全溶化，制成腌菜汁，倒入容器中，再把焯水的毛豆及生姜片放入容器中。

4.倒入热腌菜汁，盖上盖子，冷却后放入冰箱，腌1天即可食用。

| 关键步骤图 |

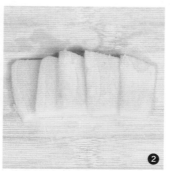

制作指导
也可以将毛豆剥出豆粒，直接腌渍豆粒，出来的味道是一样的。

087

三色腌萝卜丝

原料

白萝卜200克，胡萝卜100克，
黄柿子椒50克，香叶2片

调料

粗盐适量，白醋1/4杯，白糖
1大勺，盐1小勺，胡椒粒1/2
小勺

做法

1.白萝卜、胡萝卜切片，再切成细丝；黄柿子椒
切丝；将两种萝卜丝混合后放入碗中，撒上粗
盐，搅拌均匀，腌10分钟。

2.清洗腌好的萝卜丝，去除多余粗盐，沥干水分。

3.锅中倒入水、白醋、白糖、盐、胡椒粒和香
叶，煮至白糖完全溶化，制成腌菜汁。

4.把沥干的萝卜丝、切好的黄柿子椒混合均匀，
放入容器中。

5.倒入煮好的腌菜汁，盖上盖子，冷却后放入冰
箱，腌1～2天即可食用。

关键步骤图

制作指导

如果觉得把萝卜切成
细丝很难，也可以将
其切成薄片，不影响
腌渍的味道。

香辣腌茄子

🧂原料

茄子2个，大蒜1瓣，香叶1片

🧂调料

陈醋1/4杯，白糖1大勺，盐1/2小勺，辣椒粉1/2小勺，胡椒粒1/2小勺

🍳做法

1.茄子洗净后沥干、去蒂，切成厚片；大蒜剥皮、去蒂，切成片。

2.把茄子、蒜片和水倒入锅中，中火煮沸。

3.加入陈醋、白糖、盐、香叶、辣椒粉、胡椒粒，煮1分钟左右。把锅中的茄子和汤汁全部倒入容器中。

4.盖上盖子，冷却后放进冰箱，腌2～3天即可食用。

| 关键步骤图 |

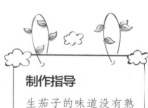

制作指导

生茄子的味道没有熟茄子好，所以茄子要先汆煮熟再腌制。

紫苏腌牛蒡

🧄 原料

牛蒡200克，紫苏1枝，香叶1片

🧂 调料

米醋1/2杯，米酒1/4杯，白糖2
大勺，盐2小勺，胡椒粒1/2小勺

🧤 做法

1.紫苏洗净，晾干；牛蒡洗净，用刀轻轻刮去表
皮，切成2毫米厚的片。

2.切好的牛蒡放入水中浸泡10分钟，捞出后沥干
水分。

3.在锅中放入白糖、盐、米醋、米酒以及水。

4.再放入香叶和胡椒粒，煮至白糖溶化，制成腌
菜汁。

5.把牛蒡和紫苏放入容器中，倒入热腌菜汁，盖
上盖子，冷却后放入冰箱，腌2～3天即可食用。

▎关键步骤图▎

制作指导

牛蒡去皮时用柔软的
洗碗刷轻轻刷或用刀
背刮去薄薄的一层表
皮即可。

Part 5
干酥香脆的干菜

相比于需要时间的洗礼，慢慢等待才能品尝到的其他小菜，干菜的优势在于很快就能吃到。干菜经过煎、炸、烤的程序，其成品也格外香酥干脆，这也是小菜当中最独特的口味。

迷迭香烤土豆

🧂 原料

小土豆200克，香芹碎、迷迭香各适量

🧂 调料

橄榄油20毫升，盐、黑胡椒碎粒各适量

制作指导

小土豆去皮，烤出来的口感会更香脆。

🧤 做法

1.热锅注水烧开加入盐，放入洗净的小土豆，大火煮10分钟。

2.将煮好的土豆取出，放凉。

3.准备一个烤盘，均匀地倒入橄榄油，然后放上小土豆。

4.用叉子或其他工具将土豆纵向压一下，然后再横向压一下。

5.在压开花的土豆表面刷上橄榄油。

6.撒上盐、黑胡椒碎粒、迷迭香、香芹碎。

7.放入预热好的烤箱，以180℃烤50分钟，烤至表面金黄，取出即可。

鹰嘴豆泥小丸子

🥣 原料

干鹰嘴豆200克，洋葱碎50克，蒜末10克，新鲜欧芹碎5克，新鲜香菜碎3克

🧂 调料

孜然4克，发酵粉、盐各2克，食用油、黑胡椒碎各适量

🧤 做法

1.鹰嘴豆在水中浸泡4小时，捞出放入搅碎机中打制成泥。

2.豆泥装入碗中，加入洋葱碎、蒜末、欧芹碎、香菜碎、孜然、发酵粉、盐。

3.撒入黑胡椒碎，充分搅拌均匀，直到成粗大的面团。

4.豆泥团静置半小时发酵，再取适量豆泥捏成丸子。

5.锅中倒入食用油，加热到180℃。

6.将丸子放入热油中，稍稍搅拌。

7.当丸子呈金黄色时用漏勺将丸子取出即可。

制作指导

炸丸子时最好多搅拌，受热会更均匀。

苏格兰蛋

🧂 原料
去壳水煮鸡蛋150克，鸡蛋液40毫升，面粉、面包糠、生香肠各适量

🧂 调料
盐2克，黑胡椒碎4克，食用油适量

🧤 做法
1.将买来的生香肠的肠衣去除，取出里面的肉糜。

2.将盐、黑胡椒碎加入肉糜内，搅拌均匀。

3.用肉糜将熟鸡蛋包裹均匀，形成一个光滑的肉丸。

4.将肉丸表面拍上面粉，裹上一层蛋液，再裹上一层面包糠。

5.锅中注入适量食用油烧热，放入肉丸。

6.轻轻搅动，待表面炸成金黄色，将其捞出，沥干油即可。

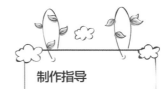

制作指导

熟鸡蛋不宜煮得过熟，溏心蛋会更好吃。

干炒紫菜

 原料

紫菜30克,白芝麻8克

调料

食用油适量,香油少许,盐5克,
胡椒粉少许

做法

1.用手将紫菜撕成条状。

2.热锅烧油,将紫菜条放入锅中炒制。

3.加入盐、胡椒粉、芝麻,翻炒均匀,关火
时撒上香油。

4.盛出装盘即可。

制作指导

在关火前加些香油,菜肴就会
变得更加香脆可口。

海苔锅巴

原料

海苔2张，白芝麻适量，糯米粉2大勺

调料

食用油适量，盐少许

做法

1.锅中注水，倒入糯米粉，加盐，小火熬煮成糯米浆。

2.在海苔的光滑那面均匀地涂上糯米浆。

3.然后将白芝麻撒到海苔上，放至干透，将干透的海苔用刀切成适口的尺寸。

4.热锅烧油，大约达到190°C的油温时，将海苔放入油锅中炸好即可。

| 关键步骤图 |

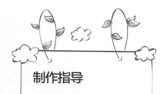

制作指导

炸的时候，油温太低的话，炸出来的东西就不会酥脆，因此要在高油温中炸。

油炸海带

原料

海带2张

调料

白糖、食用油适量

做法

1.用干净的湿布将海带擦洗干净，切成5厘米的正方块。将海带放置干透。

2.热锅烧油，大约达到190°C的油温时，将干海带放入油锅中。

3.炸至海带微微卷曲，质地较硬时即可捞出。

4.将炸好的海带放到吸油纸上，吸除油分。

5.装盘，撒上白糖即可。

| 关键步骤图 |

制作指导

可以将擦洗过的海带自然晾干，也可以在热锅上用小火慢慢烘干水分。

香煎鱼排

原料

龙利鱼排500克，鸡蛋2个，面粉30克，青椒碎、红辣椒碎各适量

调料

盐3克，黑胡椒粉3克，生抽3毫升，食用油适量

做法

1.洗净的鱼排切成片，放入盐水中，浸泡5分钟，倒入筛网中，沥干水分，待用。

2.另备一个碗，打入鸡蛋，放入盐、青椒碎、红辣椒碎，搅拌成蛋液；在装有鱼片的碗中，放入黑胡椒粉，搅拌均匀。

3.将面粉倒入备好的盘子中，将鱼片蘸上面粉，再放到蛋液中。

4.锅用中火加热，注入食用油，放入鱼片，煎3分钟至表皮金黄，盛出，食时蘸生抽即可。

关键步骤图

制作指导

鱼排一定要选择新鲜的，不然煎出来的鱼排口感不好。

金沙鱼条

原料

去骨鱼柳300克，熟咸蛋黄5个，葱花2克，蒜末2克

调料

食用油、太白粉各适量，盐2克，胡椒粉1克，白糖1克，芝麻油3毫升，米酒3毫升

做法

1.鱼柳切条；熟咸蛋黄压成泥状。

2.将芝麻油、米酒、胡椒粉、1克盐拌匀，放入鱼柳腌渍10分钟。

3.将鱼柳均匀地裹上太白粉，放入油锅中炸至呈金黄色，捞出沥干待用。

4.另取锅，加入适量食用油烧热，放入熟咸蛋黄泥，用小火炒至起泡，再放入葱花、蒜末和鱼柳略炒，加入余下的盐和白糖，炒匀即可。

制作指导

炸鱼柳时注意控制油温，油温不能过高，以免把鱼柳炸得太干，影响成品口感。

香煎三文鱼

原料

三文鱼肉、去皮白萝卜各100克，
白芝麻3克

调料

味噌10克，椰子油、生抽、味啉
各2毫升，料酒3毫升，食用油适量

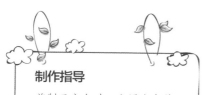

制作指导

煎制三文鱼时，宜用小火煎，
以免煎糊，影响外观和口感。

做法

1.洗净的三文鱼肉对半切开，成两厚片，装
碗，加入椰子油、白芝麻、味噌、料酒、味
啉、生抽，拌匀，腌渍10分钟至入味；白萝
卜切成丝。

2.热油锅中放入腌好的三文鱼，煎约90秒
至底部转色，翻面，倒入少许腌渍三文鱼
的汁。

3.续煎约1分钟至三文鱼六成熟，翻面，放入
剩余的腌渍汁，煎至三文鱼熟透、入味。

4.关火后盛出煎好的三文鱼，装碗，一旁放
入切好的白萝卜丝即可。

炸海虾

原料

海虾8只，鸡蛋1个，面粉50克，黑芝麻15克，白芝麻20克，柠檬片少许

调料

盐3克，黑胡椒粉少许，姜汁5毫升，生抽5毫升，料酒5毫升，食用油适量

做法

1.将洗净的海虾去头、去虾线、去壳，加盐、黑胡椒粉、姜汁、生抽、料酒，搅拌均匀。

2.另备一个碗，打入鸡蛋，搅拌成蛋液，放入面粉，拌匀成面糊。

3.将部分海虾裹上面糊，沾上白芝麻；再将另一部分海虾均匀地裹上面糊，沾上黑芝麻，待用。

4.热锅注油烧热，放入裹好面糊的虾，炸3分钟至表面金黄，捞起，沥干油分，装在盘中，放上柠檬片即可。

| 关键步骤图 |

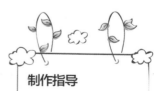

制作指导

去虾线时，可以用牙签插入虾背，挑出虾线。

煎牡蛎

🧆 原料

牡蛎300克，鸡蛋2个，面粉半
杯，欧芹各适量

🧂 调料

盐、黑胡椒粉、姜汁、食用油各
适量

🧤 做法

1.买新鲜的大牡蛎，在洗净的牡蛎上撒上
盐、黑胡椒粉和姜汁。

2.把牡蛎在面粉里蘸一下，然后在打匀的鸡
蛋里滚一遍。

3.平底锅中注油烧热，放入处理好的牡蛎，
煎至表面金黄。

4.将煎好的牡蛎装盘，并以欧芹装饰即可。

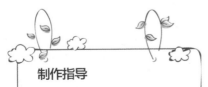

制作指导

烹调时应注意火候大小，不要
烧焦，以免影响口感。

烤鱿鱼

原料
鱿鱼500克

调料
盐、海鲜烧烤酱各适量

做法
1.将新鲜的鱿鱼洗净后纵向切半，洗净。

2.放入碗中，撒上少许盐，拌匀，腌渍片刻。

3.将腌好的鱿鱼洗净，沥干水分，在其里层刻十字花刀，切块。

4.将切好的鱿鱼放入沸水锅中，余片刻，沥干水分。

5.将鱿鱼块装入盘中，刷上海鲜烧烤酱，放入烤箱中烤熟即可。

制作指导

烤的时间不宜太久，否则口感会太韧，不易嚼。

炸鸡翅

原料
鸡翅中300克，柠檬片少许，鸡蛋1个

调料
玉米淀粉100克，盐5克，姜汁10毫升，黑胡椒粉少许

做法
1.在处理干净的鸡翅中上划上几刀，放入碗中待用。
2.再放入姜汁、盐、黑胡椒粉，拌匀，腌渍入味。
3.将鸡蛋打入鸡翅中，拌匀，再将鸡翅分放在玉米淀粉中裹匀。
4.将裹好粉的鸡翅放入烧热的油锅中，炸5分钟至金黄色，捞出装在摆好柠檬片的盘中即可。

| 关键步骤图 |

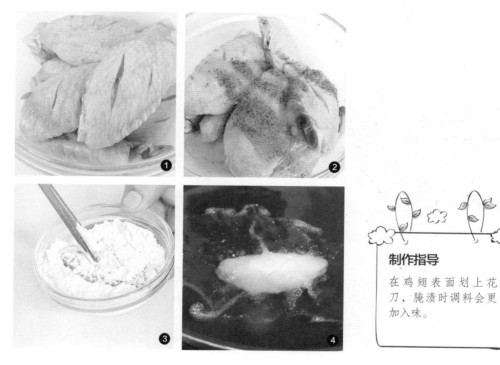

制作指导

在鸡翅表面划上花刀，腌渍时调料会更加入味。

麻辣鸡丝

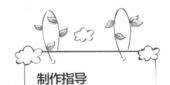

原料

熟鸡500克

调料

粗辣椒粉15克，盐5克，咖喱粉4克，花椒粉3克，十三香适量

做法

1.熟鸡去皮去骨撕成丝，与粗辣椒粉、咖喱粉、花椒粉、盐、十三香调料混合均匀，腌渍片刻。

2.将鸡丝铺在烤盘内，放入烤箱，用上下火160℃将鸡丝烤干。

3.将烤盘取出，装入碗中即可。

制作指导

烤制时可以在下面垫一层油纸，能很好地吸去多余的油分。

什锦鸡肉卷

原料

鸡腿400克，黄瓜90克，胡萝卜90克，水发香菇70克

调料

盐2克，鸡粉2克，料酒4毫升，生粉2克，食用油适量

制作指导

可根据个人喜好，在鸡肉中加入其他蔬菜水果。

做法

1.将洗净的鸡腿沿着腿骨切一圈，去除骨头，取肉备用。

2.洗净的黄瓜切段，再切成细条。

3.洗净去皮的胡萝卜切段，改切成细条。

4.泡发洗净的香菇切成丝。

5.鸡腿装入碗中，加入盐、鸡粉、料酒、生粉，淋入食用油，拌匀，腌渍10分钟。

6.锅中注入适量清水，倒入香菇、胡萝卜，搅拌煮至断生，余好水的食材捞出，装入盘中，待用。

8.热锅注油烧热，放入腌好的鸡腿肉，用小火煎约5分钟至其呈金黄色。

9.关火，将煎好的鸡肉卷盛入盘中即可。

无油脆皮鸡翅

原料

鸡翅中300克，蛋黄2个，玉米片适量

调料

椒盐粉、盐各适量，黑椒粉、生粉、鸡粉、生抽各少许

做法

1.将洗净的鸡翅中用刀在背面划两刀。

2.将鸡翅中放入容器中，调入盐、鸡粉、生抽、椒盐粉、黑椒粉和生粉，用手抓匀，静置30分钟入味。

3.玉米片用擀面棍压碎备用。

4.取一个容器，打入两个蛋黄，放入玉米碎，拌匀。

5.将鸡翅中的两面分别裹上玉米碎，放入不粘烤盘中。

6.放入烤箱中层，以上下火220℃烤15分钟。

7.取出翻面，送入烤箱中层，以上下火220℃烤15分钟，取出即可。

制作指导

也可用麦片代替玉米片，烤出来同样很脆。

烤叉烧

原料

五花肉170克

调料

老抽3毫升，料酒5毫升，食用油
适量，叉烧酱40克

制作指导

五花肉烤一段时间后可以先取
出来，刷上适量蜂蜜再放入烤
箱继续烤，这样烤出来的叉烧
色泽更漂亮，味道更香甜。

做法

1.洗净的五花肉去皮，切小块。

2.切好的五花肉装碗，倒入叉烧酱、老抽、
料酒，拌匀，腌渍10分钟至入味。

3.备好烤箱，取出烤盘，放上锡纸，刷上
食用油，放上腌好的五花肉，将烤盘放入
烤箱中。

4.关好箱门，将上火温度调至200℃，选
择"双管发热"功能，再将下火温度调至
200℃，烤25分钟至肉熟透。

5.打开箱门，取出烤盘，将烤好的五花肉装
盘即可。

Part 6
凉着吃的拌菜

凉拌菜作为餐前最开胃的小菜，可以说是上桌率最高的小菜。尤其是在酷热的夏天，餐前先吃一道色泽艳丽的凉拌菜，爽口不腻，使你整顿饭拥有好胃口。

拌萝卜丝

原料

腌萝卜丝100克，韭菜6根，黑芝麻少许

调料

白醋2茶匙，白糖1茶匙

做法

1. 将腌萝卜丝放入备好的碗中，加入白醋、白糖，腌渍20分钟。

2. 萝卜丝腌出酸甜的味道后，沥干水分，放入碗中待用。

3. 洗净的韭菜切成段。

4. 韭菜段放入盛有萝卜丝的碗中，撒入黑芝麻拌匀，装入备好的碗中即可。

关键步骤图

制作指导

萝卜先加盐腌一下，去掉部分水分。

拌桔梗

 原料

桔梗200克，葱适量，蒜3瓣，熟白芝麻5克

调料

盐、白糖、辣椒粉各5克，白醋3毫升

做法

1.将葱切成丝，蒜切成蒜泥备用。

2.把桔梗去皮撕成条，用清水反复洗几遍把桔梗洗干净，用盐腌上。

3.把桔梗放在容器中，放入所有的调料拌匀。

4.把葱丝、蒜泥和熟白芝麻撒在上面，放入冰箱中2~3天后即可食用。

制作指导

凉拌菜容易变质，要放在冰箱里或阴凉处，尽快食用完。

凉拌竹笋

原料

竹笋350克，红椒20克

调料

盐3克，醋10毫升，芝麻醋汁适量

做法

1.备好的竹笋去皮，洗净，切成片，待用。

2.红椒洗净，切成细丝。

3.将竹笋片放入锅中，注入适量开水，焯至断生，捞出竹笋，沥干水分，装盘待用。

4.将红椒丝倒入装有竹笋片的盘中，淋入醋，加入盐、芝麻醋汁，拌匀即可。

制作指导

竹笋焯水的时间不宜过长，以免破坏其脆嫩的口感。

豆芽沙拉

视频扫一扫二维码同步做美食

🧄 原料

黄豆芽230克，蒜末10克，红辣椒10克，黑芝麻3克

🧂 调料

生抽5毫升，盐3克，芝麻油适量

🧤 做法

1.洗净的红辣椒对半切开，去籽，切成丝，待用。

2.热锅注水煮沸，放入盐、黄豆芽，焯水2分钟，将焯好的黄豆芽捞起，沥干水分，待用。

3.在装有黄豆芽的碗中，放入红辣椒丝、盐、蒜末、生抽、芝麻油。

4.将食材搅拌均匀，倒入备好的碗中，撒上黑芝麻即可。

|关键步骤图|

❶

❷

❸

❹

制作指导

烹调时可以配上一点姜丝，十分适于夏季食用。

玉米青豆沙拉

🧂 原料

玉米50克，圣女果50克，青豆50克

🧂 调料

橄榄油、盐、白糖、醋各适量

🧤 做法

1.玉米洗净，切成小块，煮熟后捞出备用。

2.青豆洗净，煮熟，捞出备用。

3.圣女果洗净，切半，装入盛有青豆的碗中。

4.取一小碟，加入橄榄油、盐、醋和白糖，拌匀，调成料汁。

5.将煮熟的玉米取出，切小块，放入碗中。

6.将拌好的料汁淋在食材上即可。

制作指导

焯煮食材时加入少许食用油，能使青豆的色泽更翠绿。

黑芝麻拌莲藕石花菜

扫一扫二维码
视频同步做美食

 原料

去皮莲藕180克，水发石花菜50克，熟黑芝麻5克

调料

生抽5毫升，味啉5毫升，椰子油10毫升

做法

1.莲藕切片，浸泡在水中；泡发好的石花菜切碎。

2.水烧开，倒入莲藕片和切好的石花菜，焯至食材断生。

3.捞出焯烫好的莲藕片和石花菜，浸泡在凉开水中降温，捞出沥干，装碗。

4.碗中加入椰子油、生抽、味啉、熟黑芝麻，拌匀即可。

制作指导

莲藕入锅煮的时间不能太久，否则就失去了爽脆的口感。

127

蒜泥海带丝

🧂 原料
水发海带丝240克，胡萝卜45克，熟白芝麻、蒜末各少许

🧂 调料
盐2克，生抽4毫升，陈醋6毫升，蚝油12克

🧤 做法
1. 洗净的胡萝卜切薄片，再切细丝。
2. 锅中注入适量清水，放入洗净的海带丝，拌匀煮2分钟。
3. 断生后将其捞出，沥干水分。
4. 取一个大碗，放入焯好的海带丝，撒上胡萝卜丝、蒜末。
5. 放入盐、生抽，放入蚝油，淋上陈醋，搅拌均匀，至食材入味。
6. 将拌好的海带丝装入盘中，撒上熟白芝麻即可。

制作指导
装盘后浇上少许热油，会使海带丝的味道更好。

手撕香辣杏鲍菇

原料

杏鲍菇300克，蒜末、葱花各3克，剁椒10克

调料

白糖5克，醋8毫升，生抽10毫升，芝麻油适量

做法

1.将洗净的杏鲍菇切段，再切条形。

2.备好电蒸锅，烧开水后放入切好的杏鲍菇。

3.盖上盖，蒸约5分钟，至食材熟透。

4.断电后揭盖，取出蒸熟的杏鲍菇。

5.将杏鲍菇放凉后撕成粗丝，装在盘中。

6.取一小碗，倒入生抽、醋，放入白糖，注入芝麻油，撒上蒜末，拌匀，调成味汁。

7.把味汁浇在盘中，放入剁椒，撒上葱花即可。

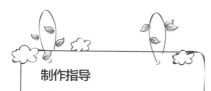

制作指导

剁椒可用热油爆炒一下，味道会更香。

白萝卜拌金针菇

原料

白萝卜200克，金针菇100克，彩椒20克，圆椒10克，蒜末、葱花各少许

调料

盐、鸡粉各2克，白糖5克，辣椒油、芝麻油适量

做法

1.洗净去皮的白萝卜切片，改切成细丝；洗净的彩椒、圆椒切成细丝。

2.将金针菇切除根部，清洗干净。

3.锅中注水烧开，倒入金针菇，煮至断生后捞出，放入凉开水中过凉，沥干水分，待用。

4.取一个大碗，放入白萝卜丝、彩椒丝、圆椒丝和金针菇，加入盐、鸡粉、蒜末、白糖，淋入辣椒油、芝麻油，拌匀，撒入葱花，最后装入盘中即可。

| 关键步骤图 |

①　②　③　④

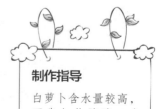

制作指导

白萝卜含水量较高，可先加盐腌渍一会儿，挤干水分。

紫甘蓝拌鸡蛋皮

原料

鸡蛋2个，紫甘蓝50克

调料

盐2克，芝麻油少许，白醋5毫升，生抽5毫升，食用油适量

做法

1.鸡蛋敲开，打入碗中，加少许盐，搅打成蛋液。

2.起油锅，倒入蛋液，用小火摊成蛋饼，盛出，凉凉。

3.将洗好的紫甘蓝和放凉的蛋饼分别切成细丝。

4.另取一碗，放入紫甘蓝、蛋丝，加入盐、芝麻油、白醋、生抽，拌匀，盛盘后即可食用。

制作指导

搅打蛋液时可加入少许水淀粉，这样煎的时候更易成形。

开胃金枪鱼

🧤 原料

西红柿3个，金枪鱼肉适量，
西蓝花少许，迷迭香少许

🧂 调料

橄榄油10毫升，黑胡椒粉3克

🧤 做法

1.洗好的西红柿切去顶部，挖出瓤，备用。

2.锅中注水烧开，放入洗净的西蓝花，焯熟后捞
出沥干。

3.取一碗，放入金枪鱼肉和挖出的西红柿瓤，淋
入橄榄油，撒上迷迭香、黑胡椒粉。

4.将碗内的材料拌匀，装入西红柿中，点缀上西
蓝花，摆好盘即可。

制作指导

焯煮西蓝花时放少许
盐，这样能使西蓝花
更脆嫩。

金枪鱼酿鸡蛋

原料

鸡蛋3个，金枪鱼肉适量，欧芹少许

调料

黑胡椒粉3克

做法

1.锅中倒入适量清水烧开，放入鸡蛋煮熟，捞出，待鸡蛋放凉，剥壳，对切成两半，挖出蛋黄。

2.取一碗，放入挖出的蛋黄，加入金枪鱼肉，撒入黑胡椒粉，拌匀，酿入蛋白中，摆好盘。

3.洗净的欧芹切末，撒在金枪鱼酿鸡蛋上即可。

制作指导

剥鸡蛋壳时，要将表面均匀地拍裂，这样去壳更容易一些。

138

法式海鲜杂拌

原料

海虾6只，章鱼80克，黑橄榄2个，迷迭香碎少许

调料

橄榄油15毫升，盐2克，黑胡椒粉3克

制作指导

章鱼表面有很多黏液，一定要彻底清洗干净，并把内脏完全掏洗干净。

做法

1.洗净的海虾去头去壳，仅留尾壳，用盐抹匀，腌渍10分钟；处理干净的章鱼切成丁。

2.水烧开，放入备好的海鲜汆烫1分钟，捞出沥水。

3.黑橄榄切圈，与汆熟的海鲜一起装入碗中。

4.加入盐、黑胡椒粉，淋入橄榄油，拌匀后盛盘，最后撒上迷迭香碎。

油醋风味鲜虾杂蔬

原料

虾仁150克，紫甘蓝50克，芦笋50克，红甜椒、黄甜椒各适量，姜2片，葱段少许

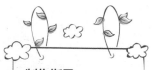

制作指导

焯芦笋时可在锅中加少许食用油，这样能使芦笋的色泽保持青翠。

调料

橄榄油15毫升，苹果醋10毫升，盐2克，蜂蜜少许，黑胡椒粉少许

做法

1.洗好的芦笋切斜段；洗好的紫甘蓝和红、黄甜椒均切成丝。

2.锅中注水烧开，倒入芦笋段焯熟，捞出沥干。

3.锅中加入姜片、葱段续煮，放入处理好的虾仁稍烫，变色即捞出，沥水。

4.将橄榄油、苹果醋、盐、蜂蜜、黑胡椒粉拌匀，调成油醋汁。

5.碗中放入汆熟的虾仁、芦笋段、紫甘蓝丝和红、黄甜椒丝，淋入油醋汁，拌匀即可。

苦瓜海带拌虾仁

🧂 原料

苦瓜150克，虾仁10只，西红柿100克，海带丝适量

🧂 调料

盐2克，白醋10毫升，白糖10克，生抽5毫升，芝麻油5毫升

🧤 做法

1.洗净的苦瓜去瓤，切片；洗好的西红柿去蒂，切块。

2.水烧开，分别放入苦瓜片、海带丝和处理好的虾仁，烫熟后捞出，沥干。

3.取一碗，放入烫过的苦瓜片、虾仁和西红柿块、海带丝。

4.加入盐、白醋、白糖、生抽、芝麻油，拌匀后盛盘即可。

制作指导

苦瓜去瓤切片后放入冰水中浸泡一会儿，可减轻苦瓜的苦味。

凉拌章鱼

原料

章鱼300克，姜片、蒜末各少许，熟白芝麻适量

调料

韩式辣酱10克，白糖10克，陈醋5毫升，生抽8毫升，料酒少许，冰柠檬水适量

做法

1.处理干净的章鱼头部切片，须切段。

2.水烧开，放入料酒、姜片和章鱼煮3分钟，捞出后放入冰柠檬水中浸泡5分钟，沥干水分。把煮熟的章鱼放入柠檬水中浸泡5分钟，捞出沥干。

3.将蒜末、韩式辣酱、白糖、陈醋、生抽充分搅匀，调成味汁。

4.取一碗，放入泡过柠檬水的章鱼，淋入味汁，拌匀后盛盘，再放入冰箱中冷藏1小时，取出后撒上熟白麻。

关键步骤图

制作指导

处理章鱼时，将其表皮的薄膜剥下来，这样才不会有腥味。

双椒拌鱿鱼须

🥢 原料

鱿鱼须300克，青椒、红椒各适
量，蒜末少许

🧂 调料

生抽5毫升，白醋5毫升，韩式辣
酱适量，白糖10克

🧤 做法

1.处理干净的鱿鱼须切段；洗好的青、红椒
切丝。

2.水烧开，放入鱿鱼须氽熟，捞出沥干。

3.取一碗，放入氽熟的鱿鱼须、蒜末和青、
红椒丝，加入生抽、白醋、韩式辣酱、白
糖，拌匀，盛盘即可。

制作指导

切鱿鱼须时，不要切得太细，
因为鱿鱼须氽水后会缩小。

土豆鱼子拌豌豆

🥛 原料

豌豆50克，去皮胡萝卜130克，土豆200克，椰奶100毫升

🧂 调料

椰子油5毫升，鱼子酱50克

🧤 做法

1.去皮胡萝卜切丁；洗净的土豆去皮，切小块。

2.水烧开，放入土豆块、胡萝卜丁和洗净的豌豆，焯至熟软，捞出沥干，装碗，放凉。

3.将椰子油、鱼子酱、椰奶拌匀，调成味汁，淋入碗中，搅拌均匀即可。

制作指导

将洗净的土豆放入热水中浸泡一会儿，再放入冷水中浸泡一下，这样方便剥掉土豆的皮。

酸菜拌肚丝

原料

熟猪肚150克，酸菜200克，青椒20克，红椒15克，蒜末少许

调料

盐2克，鸡粉、生抽、芝麻油、食用油各适量

做法

1. 洗好的酸菜切碎；洗净的青、红椒切开，去籽，切丝；熟猪肚切丝。

2. 锅中注水烧开，加少许食用油，倒入酸菜，煮1分钟。

3. 加入青、红椒丝，再煮半分钟至熟，捞出煮好的酸菜和青、红椒丝，沥干水分。

4. 取一碗，倒入猪肚丝、酸菜和青、红椒丝，加入蒜末、盐、鸡粉，淋入生抽、芝麻油。

5. 拌至猪肚丝入味，将拌好的食材装盘即可。

制作指导

拌酸菜时，可适当加入如雪里蕻、香菜等富含维生素C的食物，使得菜肴更营养健康，且维生素C在酸性环境中较稳定，不易被破坏。

日式秋葵拌肉片

🧊 原料

猪里脊肉100克，秋葵150克，熟白芝麻少许

🧂 调料

盐2克，日式酱油10毫升，味啉5毫升，芝麻酱适量，料酒适量

制作指导

将熟白芝麻用研钵磨碎，再拌入其中会更具风味。

🧤 做法

1.洗好的秋葵切去头尾，抹上盐，用手搓去表面的绒毛。

2.锅中注水烧开，放入秋葵煮1分钟，捞出，放入冰水中浸泡一会儿。

3.将洗净的猪里脊肉放入沸水锅中，淋入料酒，盖上盖，煮5分钟至熟，捞出，放凉后切成薄片。

4.将猪肉片、秋葵一起装碗，加入日式酱油、味啉、芝麻酱，拌匀后盛盘，撒上熟白芝麻即可。

凉拌肥牛

原料

肥牛片200克，洋葱50克，黄瓜50克，红甜椒50克，香菜、香茅、花生碎各适量

调料

鱼露8毫升，白糖5克，盐2克，柠檬汁适量

做法

1.洋葱去衣，与洗好的黄瓜、红甜椒均切成丝；洗净的香菜切小段。

2.取一碗，放入切好的蔬菜，加入鱼露、白糖和少许凉开水，拌匀，腌渍10分钟。

3.锅中倒入适量清水烧开，放入香茅，用小火煮5分钟，加入盐，下肥牛片涮1分钟至熟，捞出。

4.将肥牛片放入温开水中漂去油脂，捞出沥干，放入装有蔬菜的碗中，淋入柠檬汁，拌匀。

5.把拌好的材料盛入盘中，最后撒上花生碎。

关键步骤图

❶

❷

❸

❹

制作指导

煮香茅时最好盖上锅盖，以免香味过多挥发。

Part 7
鲜嫩滑爽的炒菜

小炒菜既可以作为正菜，也能作为餐前小
菜。炒蔬菜鲜嫩，炒海鲜鲜爽，炒肉类鲜
香。混合多种食材的小炒菜营养最为均衡，
口感、颜色和味道也能协调美观。

西葫芦土豆丝

原料

西葫芦100克，土豆80克，蒜末3克，葱段3克

调料

食用油5毫升，盐少许

做法

1.将西葫芦洗净，切成丝；土豆洗净去皮，切成丝，待用。

2.锅中注入适量清水烧开，放入少许盐，倒入土豆丝，煮约1分钟，至其断生后捞出，沥干水分。

3.用油起锅，放入蒜末、葱段爆香，倒入西葫芦丝，快速炒至其变软。

4.再倒入焯煮过的土豆丝，翻炒均匀至熟透，加入盐调味即可盛出装盘。

| 关键步骤图 |

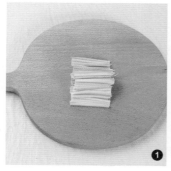

制作指导

西葫芦肉质很嫩，切丝要切得粗细均匀，这样菜肴的口感才好。

荷兰豆炒彩椒

 原料

荷兰豆180克，青、红彩椒80克，
姜片、蒜末、葱段各少许

调料

料酒3毫升，蚝油5克，盐2克，鸡
粉2克，水淀粉3毫升，食用油适量

做法

1.洗净的彩椒切成条。

2.锅中注入适量清水烧开，放入少许食用
油、盐，倒入洗净的荷兰豆煮半分钟，再放
入彩椒煮约半分钟，捞出，待用。

3.用油起锅，放入姜片、蒜末、葱段爆香，
倒入焯好的荷兰豆和彩椒，翻炒匀，淋入适
量料酒。

4.加入蚝油，拌炒均匀；放入适量盐、鸡粉
炒匀调味，淋入适量水淀粉翻炒均匀即可。

制作指导

焯煮荷兰豆时，加入少许食用
油可以使成品颜色更翠绿。

彩椒炒百合

原料

鲜百合100克，青椒150克，黄甜椒150克，红甜椒150克，姜10克

调料

食用油适量，盐适量，细砂糖少许

做法

1.青椒、黄甜椒、红甜椒均去籽，洗净，切片；姜洗净，切片；鲜百合洗净。

2.热锅注油，放入姜片爆香，待姜片呈微焦状后取出。

3.放入青椒片、黄甜椒片、红甜椒片略炒。

4.放入百合、适量热水，以及盐、细砂糖，大火快炒1分钟至食材入味即可。

制作指导

鲜百合有一定的苦味，烹饪时可以加入少许白醋，以减轻苦味。

银鱼炒蛋

原料

鸡蛋4个，银鱼干适量，生姜5克，葱花5克

调料

食用油适量，盐4克

做法

1.银鱼干用水泡发，洗净沥干待用。

2.油锅烧热，下入生姜爆香，捞出姜。

3.锅里放入银鱼干煸炒2分钟后盛出待用。

4.鸡蛋加盐搅拌好，倒入留有余油的炒锅中，待蛋液稍凝固下银鱼干一起翻炒均匀，撒葱花即可。

制作指导

炒银鱼干要把握好时间和火候，以免炒煳。

香辣金钱蛋

🧂 原料

鸡蛋5个，青辣椒、红辣椒各2个，葱花少许

🧂 调料

盐4克，生抽5毫升，淀粉适量，食用油12毫升

🧤 做法

1.鸡蛋煮熟放凉。

2.青辣椒、红辣椒洗干净后，切成小圈。

3.放凉的鸡蛋去壳，切成片，两面沾上淀粉。

4.锅里放油，放入鸡蛋片煎至表面金黄。

5.放入青辣椒、红辣椒一起爆炒一会儿，然后放盐、生抽翻炒均匀。

6.出锅前撒葱花即可。

制作指导

炒鸡蛋时，翻炒的力道不要太大，以免将蛋炒碎。

洋葱炒鳝鱼

原料

鳝鱼200克，洋葱100克，圆椒55克，姜片、蒜末、葱段各少许

调料

盐3克，料酒16毫升，生抽10毫升，水淀粉9毫升，芝麻油3毫升，鸡粉、食用油各适量

做法

1.去皮洗净的洋葱先切成厚片，再改切成块；洗净的圆椒去籽，先切成粗条，再切成块。

2.处理好的鳝鱼切成小块，装入碗中，加入少许盐、料酒、水淀粉，拌匀，腌渍10分钟。

3.锅中注入适量清水烧开，倒入腌渍好的鳝鱼，汆煮片刻，捞出后沥干水分。

4.炒锅中倒入适量食用油烧热，放入姜片、蒜末、葱段，爆香；倒入切好的圆椒、洋葱，快速炒匀，放入汆过水的鳝鱼，炒匀。

5.淋入料酒、生抽，加入适量盐、鸡粉，炒匀调味；倒入少许水淀粉，翻炒均匀；倒入少许芝麻油，翻炒出香味即可装盘。

制作指导

在汆煮鳝鱼时，可以放几片姜，这样可以更好地去腥。

茶香香酥虾

原料

白虾300克，包种茶叶3克，辣椒2个，葱2根，蒜15克

调料

色拉油适量，白胡椒、盐各3克

做法

1.将包种茶叶、辣椒、蒜、葱分别切碎。

2.白虾连壳将背部剪开，去肠泥，洗净沥干水分。

3.热锅，倒入适量色拉油烧热，将白虾加入油锅中炸片刻，至其表皮酥脆，捞起出锅。

4.另起锅烧热，加入色拉油，倒入葱、蒜、辣椒，用小火爆香。

5.加入白虾、包种茶叶、白胡椒、盐，用大火翻炒均匀即可。

| 关键步骤图 |

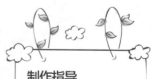

制作指导

白虾腌渍的时间不能太长，否则虾肉肉质会变老。

奶油炒虾

🧂 原料
草虾200克，洋葱15克，蒜末10克，奶油10克

🧴 调料
盐2克，食用油适量

🧤 做法
1.剪掉草虾长须、尖刺及后脚，将虾背剪开，挑去虾线，洗净，沥干水分。

2.将洋葱洗净，切末。

3.油锅烧热，放入草虾炸至其表皮酥脆，捞出沥干待用。

4.另起锅，加入奶油、洋葱末、蒜末，用小火炒香，再放入草虾，调入盐，用大火翻炒片刻即可。

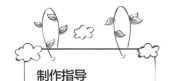

制作指导

淋入少许料酒，味道会更好。

鲍丁小炒

扫一扫二维码
视频同步做美食

原料

小鲍鱼165克,彩椒55克,蒜末、葱末各少许

调料

盐2克,鸡粉2克,料酒6毫升,水淀粉、食用油各适量

制作指导

汆煮好的鲍鱼最好再过一遍凉水,这样能有效地去除杂质。

做法

1.洗净的彩椒切细条,再切成丁;将洗净的小鲍鱼剖开,分出壳、肉,去除污渍,待用。

2.锅中注入适量清水烧开,倒入处理好的小鲍鱼,淋入适量料酒,拌匀,去除腥味。

3.捞出焯煮好的鲍鱼,沥干水分,放凉后将鲍鱼肉切成丁。

4.用油起锅,倒入蒜末、葱末,爆香,放入彩椒丁、鲍鱼丁,炒匀。

5.淋入少许料酒,加入盐、鸡粉,倒入适量水淀粉,用中火快速翻炒至食材熟透。

6.取一个盘子,放入洗净的鲍鱼壳,码放整齐,盛入锅中炒好的材料,摆好即成。

165

辣炒八爪鱼

扫一扫二维码 视频同步做美食

🧂 原料

八爪鱼450克，洋葱100克，面粉14克，蒜末14克，青辣椒25克，红辣椒20克，葱末8克，姜末2克

🧂 调料

盐6克，生抽5毫升，食用油13毫升，芝麻油适量，辣椒粉14克，辣椒酱19克，白糖4克，白胡椒粉1克

🧤 做法

1.洗净的红辣椒、青辣椒斜切成圈，去籽；洗净的洋葱切丝；八爪鱼对半切开，处理干净。

2.往八爪鱼中撒入盐、面粉，揉搓去腥，再用清水冲洗干净。

3.备好的碗中放入葱末、姜末、蒜末、辣椒酱、生抽、白糖、芝麻油、白胡椒粉、辣椒粉拌匀，做成调味酱料。

4.锅注油烧热，放入洋葱丝爆香，放入八爪鱼炒香，加入调味酱料，再放入青辣椒圈、红辣椒圈大火快炒，淋入芝麻油，再翻炒片刻即可。

| 关键步骤图 |

制作指导

清洗八爪鱼时要用清水冲洗掉内脏与眼睛。

168

啤香蛏子

原料

蛏子250克，啤酒200毫升，蒜末20克，红辣椒末10克，姜末15克

调料

食用油25毫升，盐适量，黑胡椒粉适量

做法

1.将蛏子清洗干净。

2.取炒锅烧热，加入食用油，再倒入蒜末、红辣椒末、姜末，爆香。

3.加入蛏子快炒一会儿，倒入啤酒、盐和黑胡椒粉，翻炒均匀。

4.再加盖闷片刻至蛏子开口即可。

制作指导

本道菜最突出的是啤酒的香味与蛏子的鲜味，故建议盐跟胡椒粉宜少放，以免掩盖啤酒香与鲜味。

辣炒蛤蜊

原料

蛤蜊750克，干辣椒6个，蒜6瓣，姜5片，葱花适量

调料

食用油2大勺，盐1小勺，蚝油1大勺，黄酒2大勺，淀粉1小勺，白糖2小勺

做法

1.蛤蜊放入清水中，在水里放入适量盐、食用油，促进蛤蜊吐泥。

2.干辣椒切段；蒜切片；姜切丝。

3.把蛤蜊放入沸水中，盖上盖，1分钟后捞出，再用清水冲洗两遍，把蛤蜊里的泥彻底洗干净，沥干水分备用。

4.起锅放油，放入蒜片、姜丝、干辣椒段爆香，然后放入蛤蜊翻炒，两三分钟后，放入黄酒、蚝油、白糖，翻炒均匀。

5.淀粉兑水，倒入锅中勾芡，放入葱花，翻炒均匀即可。

制作指导

蛤蜊炒制前要用盐水、食用油泡10分钟，让其充分吐出泥沙；可以根据个人口味加入少许豆瓣酱，成菜味道会更好。

芒果炒鸡柳

🍗 原料

鸡胸肉250克，芒果1个，姜丝10克，红甜椒丝少许

🍶 调料

番茄酱6克，盐5克，米酒5毫升，太白粉4克，白糖3克，芝麻油、胡椒粉各少许，食用油适量

🧤 做法

1.鸡胸肉洗净，切细条，加入一半的盐，拌匀，再加入米酒、胡椒粉、芝麻油、太白粉拌匀，腌渍15分钟。

2.芒果去皮、核，切成条，泡在热水中备用。

3.热锅加入适量食用油烧热，放入鸡柳，大火快炒2分钟至熟，盛出备用。

4.锅中加入姜丝略炒，放入余下调料以及鸡柳略炒，放入芒果条与红甜椒丝，拌炒均匀即可。

制作指导

鸡胸肉切细条时，刀工需整齐一些，这样成菜味道会更佳。

梅菜豌豆炒肉末

🧂 原料

梅菜150克，瘦肉150克，豌豆100克，红椒10克，姜片、葱段各少许

🧴 调料

盐5克，鸡粉3克，料酒5毫升，豆瓣酱10克，水淀粉4毫升，食用油适量

🧤 做法

1.洗净的梅菜切成丁；洗净的红椒对半切开，切粒；洗净的瘦肉剁成肉末。

2.锅中加水烧开，加入盐和食用油，放入豌豆，煮1分钟，加入梅菜拌匀，再煮1分钟，捞出备用。

3.用油起锅，倒入姜片爆香，倒入肉末炒至转色。

4.放入备好的葱段和红椒，淋入料酒，炒香，放入梅菜和豌豆，翻炒均匀。

5.加入鸡粉、盐，再加入豆瓣酱，炒匀调味，加入适量水淀粉，炒至入味即可。

制作指导

这道菜中因添加有豆瓣酱，所以不宜多放盐，以免菜品过咸。

萝卜缨炒肉末

视频同步做美食 扫一扫二维码

原料

肉末90克，萝卜缨90克，胡萝卜40克，蒜末、葱段各少许

调料

盐2克，鸡粉2克，料酒8毫升，水淀粉4毫升，芝麻油2毫升，食用油适量

做法

1.洗好的萝卜缨切成粒；洗净去皮的胡萝卜切片，再切条，改切成粒，备用。

2.用油起锅，倒入肉末，炒至变色，放入蒜末、葱段，炒香，淋入料酒，翻炒匀。

3.倒入胡萝卜、萝卜缨，炒至熟软，加入盐、鸡粉，炒匀调味。

4.淋入适量水淀粉，翻炒均匀。

5.倒入少许芝麻油，炒匀入味，关火后盛出锅中的食材，装入盘中即可。

制作指导

萝卜缨切好后放入沸水锅中焯煮一下，这样可去除萝卜缨的涩味，吃起来口感更佳。

肉末芽菜煸豆角

视频同步做美食 扫一扫二维码

🪵 原料

肉末300克，豆角150克，芽菜120克，红椒20克，蒜末少许

🧂 调料

盐2克，鸡粉2克，生抽适量，豆瓣酱10克，食用油适量

🧤 做法

1.洗净的豆角切成小段；洗好的红椒切开，再切粗丝，改切成小块。

2.锅中注水烧开，加入少许食用油、盐、豆角段，煮半分钟，捞出，沥干水分。

3.用油起锅，倒入肉末，炒至变色，加入生抽、豆瓣酱、蒜末，炒匀。

4.倒入焯煮好的豆角、红椒、芽菜，用中火炒匀，加入少许盐、鸡粉，炒匀，盛出即可。

制作指导

豆角在烹饪时要炒熟透，否则容易引起身体不适。

彩椒牛柳

原料

牛肉200克，黄彩椒50克，红彩椒
50克，圆椒50克，洋葱20克，红辣
椒20克，大蒜1瓣

调料

盐3克，鸡粉3克，生抽8毫升，水
淀粉10毫升，食用油适量

做法

1.洗净的黄彩椒、红彩椒、圆椒切条；洗净的洋葱
切丝；洗净的红辣椒切末；大蒜去皮，切片。

2.牛肉切成丝，加入少许盐、鸡粉、水淀粉搅拌
均匀。

3.用油起锅，爆香蒜片、洋葱，放入牛肉，炒至变
色，放入黄彩椒、红彩椒、圆椒，炒至断生。

4.倒入红辣椒末，炒出辣味，加入盐、鸡粉、生抽
炒匀，淋入水淀粉勾芡即可。

制作指导

牛肉再加入少许料酒
腌渍，炒出来的味道
会更好。

拉面炒年糕

视频同步做美食 扫一扫二维码

原料

熟去皮鸡蛋1个，年糕200克，鱼饼100克，拉面250克，洋葱50克，葱段15克，蒜末10克

调料

黑芝麻5克，盐3克，芝士粉5克，韩式辣酱10克，麦芽糖适量

做法

1.将洗净的洋葱切小块；备好的鱼饼切片；备好的熟鸡蛋对半切开。

2.热锅注水煮沸，放入拉面，煮3分钟至熟，捞起，过一下凉水，待用。

3.热锅注水，放入韩式辣酱、麦芽糖，搅拌均匀，煮至沸腾；再放入年糕、鱼饼片，煮到年糕变软后，放入蒜末、盐，搅拌入味。

4.放入洋葱块、拉面，翻炒到汤汁浓稠，将煮好的食材盛至备好的碗中，放入鸡蛋，撒上芝士粉、黑芝麻、葱段即可。

关键步骤图

制作指导

年糕受热后容易粘锅，需改小火不断翻炒。

辣炒年糕

原料

长条年糕400克，胡萝卜100克，洋葱100克，青椒50克，白芝麻适量

调料

辣椒酱15克，辣椒面、糖稀、白糖各5克，生抽5毫升，食用油适量

制作指导

年糕煮熟后放入凉水中，能使年糕不会太软，以免影响炒制。

做法

1.年糕切成6厘米长的段；胡萝卜、洋葱洗净，去皮切成6厘米长的细丝；青椒洗净，去掉内部白色筋膜，切成6厘米长的细丝。

2.将辣椒酱、辣椒面、生抽、糖稀、白糖倒入容器中，用勺子顺着一个方向搅匀，制成酱料。

3.煮一锅水，水开后，放入年糕段，煮2分钟后捞出，放入凉水冷却，捞出沥干。

4.起油锅，放入洋葱丝炒香，倒入胡萝卜丝炒变色，倒入调好的酱料，接着倒入清水，放入年糕、青椒丝，慢炖10分钟，待酱料将年糕完全包裹均匀时，撒上白芝麻即可。